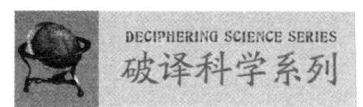

DECIPHERING SCIENCE SERIES
破译科学系列

王志艳◎编著

飞跃神秘的外太空

科学是永无止境的
它是个永恒之谜
科学的真理源自不懈的探索与追求
只有努力找出真相，才能还原科学本身

延边大学出版社

图书在版编目（CIP）数据

飞跃神秘的外太空 / 王志艳编著 . —延吉：延边大学出版社，2012.9（2021.6重印）

（破译科学系列）

ISBN 978-7-5634-5032-9

Ⅰ．①飞… Ⅱ．①王… Ⅲ．①空间探索－普及读物 Ⅳ．①V11-49

中国版本图书馆CIP数据核字（2012）第220689号

飞跃神秘的外太空

编　　著：王志艳
责任编辑：李东哲
封面设计：映像视觉
出版发行：延边大学出版社
社　　址：吉林省延吉市公园路977号　邮编：133002
电　　话：0433-2732435　传真：0433-2732434
网　　址：http://www.ydcbs.com
印　　刷：永清县晔盛亚胶印有限公司
开　　本：16K　165×230毫米
印　　张：12印张
字　　数：200千字
版　　次：2012年9月第1版
印　　次：2021年6月第3次印刷
书　　号：ISBN 978-7-5634-5032-9
定　　价：38.00元

版权所有　侵权必究　印装有误　随时调换

飞跃神秘的外太空

前言
Foreword

  自古以来，人类就梦想着能像鸟儿那样自由飞翔，也渴望着更加近距离地去探索太空的秘密。航空航天是人类几千年的梦想。航空航天技术是高度综合的现代科学技术，是一个国家先进科技水平的重要标志，也是20世纪以来发展最为迅速、应用最为广泛、对人类社会生活影响最大的科学技术领域之一。

  经过半个多世纪的发展和建设，我国的航空航天事业从无到有、从小到大，创造了以"两弹一星"和载人航天为标志的巨大成就，构筑了专业齐全、功能配套、设施完备的航空航天科技工业体系，形成了独具特色的航空航天工程管理体制，掌握了一大批具有自主知识产权的核心技术，造就了一支技术精湛、作风优良的航空航天人才队伍，在世界高科技领域占有一席之地，有力地增强了我国的国防实力、科技实力、经济实力和民族凝聚力，为维护国家安全、带动科技进步、促进经济发展、推动社会进步和振奋民族精神作出了重要的贡献。随着我国"神舟"系列飞船的陆续升空，以及新一轮登月竞赛在各国间的展开，全球的目光再一次被吸引到辽阔的天空以及更加浩瀚的宇宙，那些关于飞翔的梦想也更深入地植根于青少年朋友的脑海里中。

  为了普及航空航天知识，引导更多的人尤其是青少年朋友热爱航空航天事业、积极投身航空航天事业，我们组织了多位经验丰富、学识渊博的专家学者精心策划并编写了这部书。

  本书以翔实的事实、生动的笔触、简洁的叙述，深入浅出地将航空航天各个方面的知识呈现出来，更适合大众尤其是青少年的阅读习惯。希望青少年朋友阅读此书后，能够对航天事业有所了解，对现在的课堂学习更加重视，激发起学习的热情，学习知识掌握本领，长大后成为对国家的有用之才。

  本书在编写过程中，参考了大量相关著述，在此谨致诚挚谢意。此外，由于时间仓促加之水平有限，书中存在纰漏和错误之处自是难免，恳请各界人士予以批评指正，以利再版时修正。

目录 CONTENTS

什么是天空、太空、宇宙 //1
为什么说火箭的故乡在中国 //3
谁是现代火箭的奠基人 //6
什么是太空空间自然环境？它有什么特点 //12
何谓太空诱导环境？它主要有几种 //14
什么是空间飞行环境 //15
我国古人进行过哪些飞行尝试 //16
风筝之谜 //18
飞机是怎样飞起来的 //23
飞机为什么逆风起飞和降落 //25
飞机驾驶舱里有哪些仪表和设备 //26
飞行员的座位舒适吗 //27
刚返回的飞机再次起飞需要多长的准备时间 //28
是谁让飞机着陆的 //29
云对飞机飞行有什么影响 //30
风对飞机飞行有什么影响 //32
飞机要超音速飞行，要具备哪些条件 //34
为什么飞机超音速飞行时会发出打雷一样的响声 //35
什么是航空管制 //36
航空管制的职能有哪些 //38
飞行情报怎样掌握 //41
飞行活动怎样监督 //45
如何实施飞行指挥 //48
发生飞行冲突如何调配 //51

飞跃神秘的外太空
FEIYUESHENGMIDE
WAITAIKONG

太空有哪些资源可以利用　//55

什么是太空开发　//57

太空生物学研究什么内容　//60

太空生命科学和医学研究什么内容　//61

太空太阳能工程的发展情况如何　//62

航天产业有什么样的前景　//64

航天信息产业前景如何　//66

太空能源产业前景如何　//69

太空旅游的商业化前景如何　//71

火箭的原理　//73

什么是液体燃料火箭　//74

什么是固体燃料火箭　//75

什么是电火箭　//76

不同推力火箭是如何分类的　//77

何谓探空火箭　//78

什么是弹道导弹　//79

什么是巡航导弹　//80

什么是单级运载火箭　//81

揭秘火箭发动机动力系统　//82

揭秘火箭发射程序　//84

中国主要运载火箭有哪些　//86

资源卫星有什么作用　//88

气象卫星有什么作用　//90

科学探测卫星能探测什么　//93

目录 CONTENTS

通信卫星的功能何在 //95

技术试验卫星 //97

常见的军用侦察卫星有哪些 //100

导航定位卫星有什么功能 //103

揭秘军事通信卫星 //106

空间探测器的发展历程 //107

揭秘火星探测器 //108

揭秘火星车 //109

揭秘月球探测器 //110

何谓"阿波罗"工程 //111

何谓"嫦娥"工程 //112

何谓水星探测器 //113

何谓土星探测器 //114

何谓木星探测器 //115

何谓金星探测器 //116

何谓哈雷彗星探测器 //117

何谓太阳探测器 //118

载人飞船有什么用途 //119

揭秘苏联(俄罗斯)的载人飞船 //121

揭秘空间站 //123

空间站有什么用途 //125

空间站的发展状况 //128

空间站与载人飞船的区别 //133

空间站的类型 //135

飞跃神秘的外太空
FEIYUESHENGMIDE
WAITAIKONG

空间站对门窗的要求　//137

空间站怎样控制　//138

世界主要航天发射场简介　//142

中国主要航天发射场简介　//147

发射场测控通信系统的组成和工作特点　//149

发射场的光学跟踪测量设备　//151

地面遥测系统的作用　//153

首区的遥控设备及安全控制　//154

从航天飞机上能发射卫星吗　//156

航天飞机有军事用途吗　//157

航天飞机能在太空修理卫星吗　//159

怎样才能成为航天员　//160

怎样选拔女性航天员　//162

美国航天飞机的航天员是怎样选拔的　//164

航天员的基础训练有哪些　//167

航天员必需的技能训练有哪些　//169

航天员的训练设施有哪些　//176

太空中怎样睡眠　//179

太空中怎样行动　//181

人类探测月球的历程　//184

什么是天空、太空、宇宙

我们是地球人，立足于地球。我们就从这个角度来谈论什么叫天空、太空（空间）、宇宙。在《现代汉语词典》上，对这些词作了如下解释：

天空：日月星辰罗列的广大空间。

太空：极高的天空。

空间：物质存在的一种客观形式，由长度、宽度和高度表现出来。

△ 简仪是我国古代的一种天文观测仪器

宇宙：包括地球及其他一切天体的无限空间；及一切物质及其存在形式的总体（"宇"指无限空间，"宙"指无限时间）。

现代自然科学的"宇宙"的概念，通常是无限的空间和无限的时间的统一体。"宇宙"是空间和时间的总和。

随着现代科学技术的发展，对空间和时间的划分要求得越来越精细，同时也象征着人类社会文明的不断进步。

在生产力十分低下的古代，人们只要把时间区分为年、月、日就足够了。后来区分到时辰或小时才能满足要求。近代工业和现代化的交通工具汽车、火车、飞机等的兴起，进一步要求划分出分分秒秒来，现代科学技术的进一步发展则又要求以毫秒、微秒和纳秒来计时。

飞跃神秘的外太空

△ 浩瀚的宇宙星空

　　对空间的划分也是如此。古代只要有天空、空间和地面这样的概念就可以了，人们也不必冲出大气层。但这满足不了现代科学技术的要求，特别是航天技术诞生后，要求把"天"与"空"严格区分开来，很多关系不是区分"天"、"地"就能说清楚的。于是，"天"的概念应是地球大气层以外的广大宇宙空间，这大致与"天空"、"太空"相当。这"大致"是因为若日月星辰不包括地球，"天"则只有地球大气层以外才有。那"天空"就是"太空"，而"太空"又可笼统地说是"极高的天空"，这"极高的"大致是100千米以外的，没有精确的物理性质上的区分。"空"是指地球表面以上的大气层空间，比较浓密，通常在100千米以下。

　　从上述"天"和"空"的现代科学含义中，我们便知道，所谓"航宇"，也即宇宙航行的范围。

为什么说火箭的故乡在中国

追根溯源，火箭真正的故乡是中国。我们祖先基于一定科学道理的大胆想象，曾给人类航天技术发展史增添了多姿多彩的一笔。

一、原始火箭的发端

自三国时代起（220～280年），史书就有了关于"火箭"的记载。

△ 中国古代的火箭——龙出水

当时的火箭用于战争，是一种在箭头上附着有油脂、松香、硫黄之类易燃物质，点燃后用弓或弩射出去杀伤敌人，故亦称秦汉时期发明了火药。唐朝一本叫《真元妙道要略》的炼丹书记载道："有以硫黄、雄磺含硝石并密烧之，焰起，烧手面及烬屋舍者。"这表明，火药在唐代中期就已经被人们所掌握。这一进展使火箭迅速应用到军事中。唐末宋初（公元10世纪）已经有火药用于火箭的文字记载。唐末宋初至明朝初期，火箭还只是作为燃烧物，其结构多是在火药筒上捆一根细竹竿，这叫"起火"，如在"起火"前端加一个箭头，尾端装上箭羽，就是"火箭"了。

北宋年间，冯继升、岳义方、唐福等军官曾向朝廷献过火箭及火箭法，曾公亮等人在1090年编著的《武经总要》中，详细记述了诸如引火球、铁嘴火鹞、竹火鹞等各种火药武器的制造和使用。到了北宋末年，人们还创造了"霹雳炮"、"震天雷"等杀伤力更大的火药武器。然而，当时的武器还只是把火药装成易于发射的形状，点燃引线后，由原来的弓弩或抛石机发射出去。

△ 明代的"神火飞鸦"

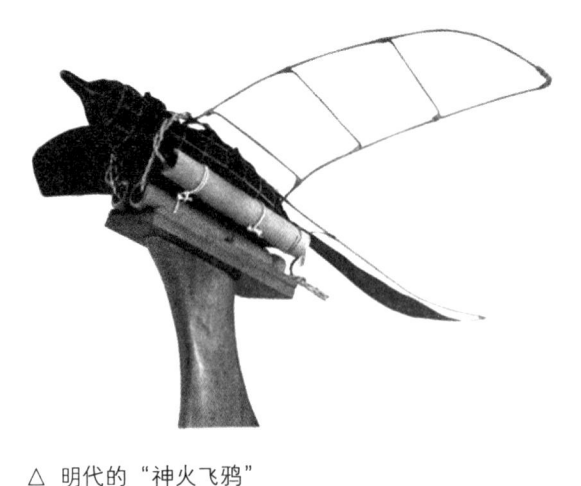

二、喷气火箭的诞生

据史书记载，真正由火药喷射推进的喷气火箭，是南宋时期发明的。人们在节日夜晚常放诸如"地老鼠"、"起龙"等靠火药喷射推进的烟火玩物。从原理上讲，人们利用火药燃烧进行喷气推进的方式制作的爆竹和烟火，已接近火箭制造的原理。

明代是中国古代火箭技术运用的全盛时期。茅元仪编著的《武备志》中记载有火箭图，如飞刀箭、飞枪箭、燕尾箭，以及可以同时发射一百支箭的"百矢弧箭"和"百虎齐奔箭"等。还最早应用了串联（多级）和并联（捆绑）技术以提高火箭的运载能力。明代《武备志》中记载的"神火飞鸦"就是并联技术的体现。

而最神奇的当属"火龙出水"，这是一种用于水战中的二级火箭，在原理上它已经接近现代的二级火箭，并且具体综合运用了串、并联的技术。它先用四支大火箭筒燃烧喷射，由此产生的反作用力把龙形筒射出去，当这四支火箭里的火药燃料烧完后，再引燃龙腹中的神机火箭，把它们射向敌方。这种"火龙出水"的火箭能射到1～1.5千米远的敌方船只。在这种火箭中火药有明确分工，首先是喷气飞行的推进剂，然后是摧毁敌人战斗部的爆炸物。这种原始火箭虽然没有现代火箭那样复杂，但已经具有战斗部（箭头）、推进系统（火药筒）、稳定系统（尾部羽毛）和箭体结构（箭杆），完全可以认为是现代火箭的雏形。

"飞空击贼震天雷炮"是一种雏形飞弹，在《武备志》中有关于它的详细记载。"飞空击贼震天雷炮"是一根装有火药的圆筒，利用火药做推进器（"送药"）。战斗时，点燃送药，飞弹便直飞向敌营，当"送药"燃烧完后，圆筒中的火药便在敌营中燃烧、爆炸。

三、航天先驱者——万户

14世纪，中国明代的一位心灵手巧的工匠万户，进行了人类历史上第一次借助火箭的力量飞行的试验。

他设计了会飞的"飞龙"火箭。这种木质雕刻的火箭筒可以飞行1000米。一天，他让助手把自己捆在坐椅上，在椅后安装47支当时最大的火箭，然后双手各持一面大风筝。万户设想，火箭同时点燃后，火箭产生的推力和风筝提供的升力将使他飞上天空。当工匠们点燃构架四周绑着的火箭后，"飞龙"拔地而起，但最终箭毁人亡。

勇敢的万户尝试虽遭失败，却被六个世纪以后的国际航天史学家公认为人类试图利用火箭升空的首次壮举。现在看来，万户的确是进行了一次科学探索。他考虑到了升空需要推力和升力，利用了当时所能提供的最先进的技术手段，并勇敢地亲自实践直至献身。

为纪念这位先驱者，国际天文学会将月球背面"东方海"附近的一座环形山以"万户"命名。万户高踞"海"边的山脊之上，永久地凝视着深不可测的宇宙，总算弥补了当年飞天壮志未酬的遗憾！美国的火箭专家赫伯特·基姆也撰文记载他的事迹，在美国的航空和航天博物馆中也标示着："最早的飞行器是中国的风筝和火箭。"

四、火箭从丝绸之路传到西方

13世纪以后，中国的火箭技术与其他火药兵器一同传到阿拉伯、印度，后又传入欧洲，为世界的科技发展作出了巨大的贡献。

直到13世纪末，欧洲的史书中才出现"火箭"的字样，到14世纪，欧洲才把火箭应用于战争。至18世纪后期，印度军队在抗击英、法军队的多次战役中成功地使用了火药火箭（射程超过1000米）的战例推动了欧洲火箭技术的发展。曾与印军作战的英国军官W.康格里夫在19世纪初配制了多种黑火箭，并使火箭的射程提高到2.5~3千米。

火药和火箭作为中国古人的发明，在当时是世界上最先进的科学技术。

飞跃神秘的外太空

谁是现代火箭的奠基人

尽管欧洲人在中国发明火箭的几百年后才学会使用火箭，然而现代火箭技术还是首先在欧洲得到了迅速发展。

一、英国火箭之父——康格里夫

康格里夫是第一个试图用牛顿第三定律揭示火箭飞行动力学本质的人。他发现火箭的飞行距离太短，火箭发射最远时的倾角为55度，通过试验，他研制的火箭很快就达到了1640米的射程，采用3000克装药火箭达到了2100米的射程。

1805年11月，康格里夫火箭在法国波隆正式投入战场，用于袭击法军的舰队。

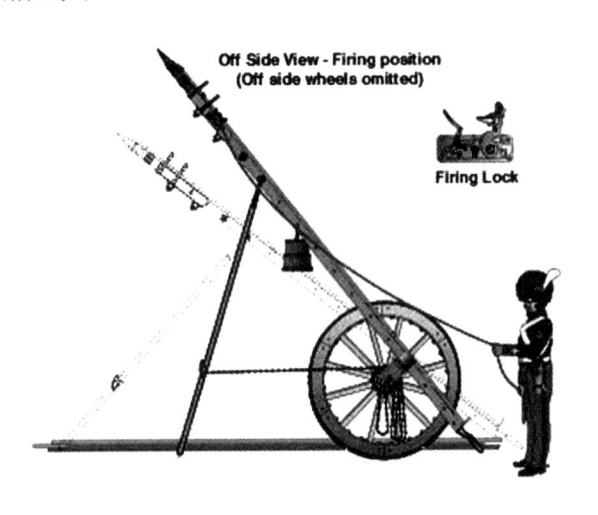

△ 康格里夫火箭

1806年春，康格里夫火箭经过反复试验后，提高了稳定性和射程，重新投入使用，并在那不勒斯战场抗击法军的战争中取得良好效果。1806年，英国又两次用火箭攻击了波隆，使法国人见识了康格里夫火箭的真实威力。1807年，在丹麦哥本哈根的战斗中，康格里夫火箭再立奇功，为战斗胜利立下汗马功劳。这次战斗促使英国政府下令建立了一支特种火箭部队，这支部队曾投入到反抗美国独立的战争中。康格里夫将火药火箭的性能发挥到极限，成为后世研究火箭技术的宝贵财富。

二、宇航之父——齐奥尔科夫斯基

19世纪末20世纪初，由于齐奥尔科夫斯基（1857～1935）等一大批科学家进行的顽强探索和执著的追求，使得火箭技术重新获得了生机。因此，齐奥尔科夫斯基这位俄国和苏联著名的空气动力学、火箭动力学家被人们誉为现代"宇航之父"。

16岁时，受到凡尔纳科幻小说的影响，有关飞行和星际旅行的问题强烈地吸引着齐奥尔科夫斯基，这为他以后的研究方向打下了基础。

1896年，虽然他已近而立之年，但他把自己下半生的心血和精力都投身到这项事业中去，因而取得了令世人瞩目的成就。1898年8月，齐奥尔科夫斯基破天荒地对火箭发动机作了精确计算，他极正确地提出了气体喷出的最大速度可以用液体化学燃料获得的科学论断，从而解决了火箭发动机动力燃料的难题，把火箭发动机的研究水平向前推进了一大步。

△ 齐奥尔科夫斯基

1903年，他具有开拓性意义的航天学经典论文——《利用喷气装置探测宇宙空间》在莫斯科的《科学评论》杂志上发表。他提出了著名的火箭运动方程式，这个方程式的诞生使火箭理论更趋完善，因而被命名为"齐奥尔科夫斯基公式"。齐奥尔科夫斯基在火箭运动理论形成一个完整的框架后，1911年和1914年，他又以相同的标题在《航空报告》杂志上发表了三部曲的后两部分，从而构成了一个相当完整的航天学理论体系，在后两个部分中，齐奥尔科夫斯基以其广博的知识论述了星际航行的问题，他设计并画出了载人宇宙飞船的草图，研究了飞行中的种种问题。他还研究了太空飞行对人类社会的重大影响以及人类前景等问题。

1919年，齐奥尔科夫斯基论证出单级火箭很难达到第一宇宙速度，为了解决这个问题，他又天才地提出了多级火箭原理——多级火箭理论也就是现代运载火箭的飞行原理。在科学论文《太空火箭列车》中，他指出："火箭列车可以达到很高的宇宙速度，同时也能把燃料的携带比率限制在可以实现的范围内。"用通俗的话讲，多级火箭的原理就是串联或并联几个单级火箭，每一级工作完后立即抛掉，从而使火箭在以后的航程中可以甩掉不必要的包袱，逐步提高工作级的推重比，以达到更高的速度。

1929年，这位科学巨匠在晚年仍马不停蹄地工作着，在他去世后发表的论文《太空火箭工作：1903～1927年》中，对人类航天的未来做出了阶段性的预测：他预见了火箭技术从试验火箭到使用远程火箭及载人飞行火箭的发展过程，人造卫星、载人飞船、空间基地的出现。还展望了行星基地、太空旅游、恒星际飞行等现在仍未实现的梦想。

1935年，齐奥尔科夫斯基——这位人类航天技术的先驱者，带着无限的遗憾离开了人世。但他建立的液体火箭运动理论和太空飞行基本理论，却给人类留下了一笔巨大的宝贵财富。他掀起了一场火箭技术上的一次真正的革命，使人类在他去世30年后就飞向了太空。由于他的无私奉献，现代火箭技术诞生了，飞出摇篮的宇航时代来临了。

三、液体火箭之父——戈达德

在经过反复尝试了固体火箭之后，人们发现固体燃料的缺陷使它无法胜任星际旅行。美国著名的物理学家戈达德发明并制造了世界上第一枚液体火箭。在他的带动下，世界掀起了研究液体火箭的热潮。

1882年，戈达德出生在美国马萨诸塞州。戈达德少年时代常常梦想能造出一架机器，带着他从脚下的草坪上起飞，带着他到火星上去。

高中期间，戈达德对火箭研制非常着迷，他常常思考太空飞行的方法，他设想了火箭和航天的各个方面，包括液体火箭、氢氧火箭、多级火箭等，希望能实践自己的太空梦想。高中毕业后，戈达德进入伍斯特综合技术学校，并开始从事研究火药火箭。1908年，戈达德进入克拉克大学理学院攻读博士学位，这个阶段他逐渐认识到固体火箭的固有缺陷，他的设计思想开始向液体火箭过渡。

1914年，戈达德留校继续开展火箭研制工作。1919年发表《达到超高空的方法》的文章，论述了用火箭作高空大气研究和达到月球的可能性。

1925年，他制造了第一个5.5千克的小型液体火箭发动机，并成功地燃烧了27秒钟。戈达德对这次成功感到非常兴奋，下决心要让火箭飞上天。

1926年春，戈达德的第三台液体火箭发动机试制成功，并被组装在世界上第一枚液体火箭上。3月16日这天，在马萨诸塞州沃德农场的一片田野上耸立着的一座铁黑色圆锥形试验火箭，它长约3米，直径约15厘米。点着引信后"嘶"的一声啸叫，火箭腾空而起，然后落在了田野上。这枚火箭的液体燃料仅燃烧了2.5秒钟，飞行高度只有12米，飞行距离仅56米。虽然效果并不理想，但却打开了液体火箭技术的大门。戈达德激动地说："这一下，我可创造了历史！"

△ 戈达德和他的火箭

正当戈达德在火箭研究理论和实验上取得重大进展时，他的工作却几乎被迫中断。这位火箭奇才的研究工作从未得到美国政府的关注和支持，没有必要的经费来源，警察署关闭了马萨诸塞州农场的火箭发射试验场。坎坷的遭遇，使戈达德身心交瘁，劳累至极。

1945年8月10日，戈达德这位航天时代的开创者，因患喉疾离开人世。他是早期火箭先驱者中唯一将科学理论和实际工程相结合的人，他把自己的一生献给了"最迷人的应用物理学"——火箭和航天事业。1960年，美国政府以隆重的仪式追赠戈达德100万美元的科研基金，奖励他在人类火箭发展史上杰出的贡献。

四、现代火箭技术奠基人——布劳恩

布劳恩于1912年3月23日出生于德国别尔捷茨的一个高级官员家庭。父亲是以善于解决农业和粮食问题而著称的专家，母亲是音乐、文学和天文学爱好者，有较高的文化素养，会讲六种语言。闲暇之余，她常给幼年的布莱恩讲述有关日月星辰的变化和人类征服月球的理想，使布劳恩从童年时代起就开始与浩瀚无垠的宇宙结下了不解之缘。1930年，布劳恩中学毕业后，进入

飞跃神秘的外太空

△ 冯·布劳恩

柏林理工学院学习，并在这里先后结识了著名的火箭技术科普作家威利·莱和"德国火箭之父"奥伯特教授，并成为奥伯特的亲密助手，开始从事液体火箭发动机的研制工作。

此后，布劳恩对火箭技术领域的发展提出了许多科学的预见，并做出了不少解决方案。一系列的成功，使年龄不到20岁的布劳恩一举成名，成为享誉海内外的火箭专家。为了使自己倾心的火箭早日升空，布劳恩来到了德国陆军火箭研究所，并成为这里的中心人物，担负了军用火箭的研究工作。

在布劳恩领导下，1933年，德国很快研制出了专门用于实验的"A—1"型液体火箭。这种长1.4米、直径0.3米、重量达150千克的火箭，用酒精和液氧作推进剂，发动机推力达到了300千克，在当时是无与伦比的大型火箭。第二年12月初，成功地试射了两枚"A—1"型火箭的改进型"A—2"火箭，第三年又完成了"A—3"型火箭的试制。

深居简出的纳粹头目希特勒，听说"A—3"型火箭试射成功的消息后欣喜若狂，妄想用这种武器为其策划的战争服务，于是他迫不及待地责成德国陆军司令部给戈达的研究小组下达了研制射程275千米、弹头要装1000千克梯恩梯的"A—4"型导弹火箭的任务。1942年年底，代号为"樱桃核"的飞航式导弹出世了。这种导弹重2200千克，弹长7.6米，战斗部装药近1000千克，射程可达370千米。由于纳粹党的宣传部长戈培尔觉得"樱桃核"这个代号不响亮，于是便将这种导弹命名为"V—1"导弹。因为"V"既具有英文胜利的含义，同时又是德文Vergehtmg一词的第一个字母。

但"V—1"导弹在使用于对英国的空袭之后，布劳恩等发现了它的重大缺陷，导致了命中精度出现巨大误差。在布劳恩的指导下，很快研制出了一种新型的更为准确有效的武器——"V—2"导弹。

"V—2"导弹重约13吨，弹长14米，直径1.6米，战斗部装药800千克，最大飞行速度1700米/秒，最大推力可达27吨，弹道高100千米，射程320千米。采用具有程序装置及测速仪器的自主式陀螺控制系统，导弹命中率大为提高。"V—2"导弹是世界上第一枚弹道导弹，体现了当时最先进的火箭制造技术。它的制造成功，使处于战争困境中的希特勒仿佛捞到了一根救命稻草，立即被用在1944年9月对英国伦敦的空袭中。但是，战争的胜负并不是靠一两件新式武器可以决定的，尽管布劳恩为德国的火箭制造立下了汗马功劳，但德国战败的命运却是不可逆转的。

△ "V—2"导弹

战败后，美国和苏联把德国火箭试验场连同该领域最优秀的科学家瓜分了。苏联抢夺的是设在佩内明的火箭试验场的全部设备和图纸，美国则将柏林教堂里避难的布劳恩找到，连夜送往美国范登堡空军基地。苏联和美国成为了世界火箭的新中心。

20世纪50年代之后，火箭制造技术更有了突飞猛进的发展。美国和苏联两个超级大国相互竞争，火箭制造技术日趋完善。到20世纪90年代，能够制造火箭的国家有美、俄、法、日、中、印、以、巴等，火箭家族也在不断扩大。

飞跃神秘的外太空

什么是太空空间自然环境？它有什么特点

自宇宙大爆炸以后，随着宇宙的膨胀，温度不断降低，虽然也有恒星向外辐射热能，但因其恒星数量有限，寿命也有限，所以宇宙总的温度处于下降状态。因此历经100多亿年的变化，太空是一个温度大约为−270.3℃的高寒环境。太空空间是一个强辐射的环境。在太空中不仅有宇宙大爆炸时留下的辐射，各种天体也向外辐射电磁波，许多天体还向外辐射高能粒子，形成了宇宙射线。例如，银河系有银河宇宙射线辐射，太阳有太阳电磁辐射，太阳宇宙线辐射（太阳耀斑爆发时向外发射的高能粒子）和太阳风（由太阳日冕吹出的高能等离子体流）等。许多的天体都有磁场，磁场俘获了上述高能带电粒子，就形成辐射性很强的辐射带，如在地球的上空，就有内外两个辐射带。当太阳发生耀斑时，高速太阳风会引起磁暴，产生强烈的X射线，它们都会对航天活动带来很大的影响。

太空空间又是一个高真空环境。宇宙大爆炸以后，在宇宙中形成氢和氦两种元素，其中氢占3/4，氦占1/4。后来它们大多数逐渐凝聚成团，形成星系和恒星。恒星中心的氢和氦递次发生核聚变，产生氧、氮、碳等较重的元素，在恒星死亡时剩下的大部分氢和氦以及氧、氮、碳等元素散布在太空中，其中主要的还是氢，但非常稀薄，每立方厘米只有0.1个氢原子，在星际分子云中稍多一些，每立方厘米约1万个左右。而我们知道在地球大气层中，每立方厘米中含有1010个氮和氧分子。

太空空间环境除有超低温、强辐射和高真空特点外，还有高速运动的尘埃、微流星体和流星体。它们具有极大的动能，1毫克的微流星体可以穿透3毫米厚的铝板。

随着航天事业的发展，在太空中废弃的人造地球卫星、火箭残骸等航天器也逐渐增多。它们有的被人为遥控炸毁，有的自行分裂成碎片，这些碎片

△ 航天员身穿太空服在空间作业

将在一定时期内继续绕地球飞行，形成"太空垃圾"，其运行速度也较高，会给使用中的航天器形成撞击威胁，这是太空环境的又一个特点。

什么是太阳系行星和卫星等天体环境，有什么特点？

地球之外天体上的环境，并不像太空环境那样千篇一律。就太阳系而言，九大行星由里到外，各行星、卫星上的环境就很不相同。它们在各自的轨道上绕太阳运行，有的没有大气（如金星、月球），有的有稀薄的大气（如火星），有的仍有浓密的大气（如金星、木星），当然大气的成分很不相同，如金星大气主要是二氧化碳，木星大气主要是氢；有的有磁场，有的没有磁场；有的有固体表面（如水星、金星、火星、月球），有的没有固体表面（如木星、天王星、海王星）；有的表面温度极高（如金星高达470℃），有的表面温度极低（如冥王星最低达-253℃），而彗星则完全是尘埃冰块的组成。如此等等，需要对不同的天体具体分析。

飞跃神秘的外太空

何谓太空诱导环境？它主要有几种

在太空飞行的航天器，除了遇到上述自然的太空环境外，还有独特的诱导环境，即在太空环境作用下，航天器某些系统工作时所产生的环境。它主要有以下几种：

极端温度环境。航天器在太空中飞行，由于没有空气传热，受阳光直接辐射的一面可产生高达100℃以上的温度，而背阴处温度又可低至-100℃～-200℃。

高温、强振动和超重环境。航天器在起飞和返回时，运载火箭和反推火箭等点火和熄灭时，会产生剧烈的振动。航天器重返大气层时，在稠密的大气层中高速穿行，与空气分子剧烈摩擦，使航天器表面温度高达1000℃左右。航天器加速上升或减速返回时，正负加速度会使航天器上的一切物体产生巨大的超重。超重以地球重力加速度（g=9.8米/秒2）的倍数表示。载人航天器上升时的最大超重达8g，返回时达10g，卫星返回时的超重则更大些。

失重和微重力环境。航天器在太空轨道上做惯性运动时，地球或其他天体对它的引力（重力）正好被它的离心力所抵消。在它的质心处重力为零，即零重力，那里即为失重环境。两质心以外的航天器上的环境，则是微重力环境，那里的重力非常微小。

特别要说明的是，这种失重和微重力环境是航天器上最为宝贵的独特环境。在这种环境中，气体和液体中的对流现象消失了，浮力消失了，不同密度引起的组分分离和沉浮现象消失了，液体的静压力消失了，液体仅由表面张力约束，润湿和毛细现象加剧等。总之，这种环境造成了物质的一系列不可琢磨的物理特性变化，为我们提供了一种极端的物理条件。利用这些地表上难以得到的物理条件，可进行许多地面上难以进行的科学实验，生产地面上难以生产的特殊材料、昂贵药品和工业产品等。

什么是空间飞行环境

　　空间飞行环境包括空间的自然环境和诱导环境。自然环境就是前述的各种环境（包括高真空、高寒、电磁辐射、宇宙线、高能粒子流、等离子体流、微流星体、行星磁场、大气和重力等）。诱导环境就是前述航天器某些系统工作时造成的环境和在空间自然环境作用下产生的环境（如火箭发动机工作时产生的高温、强振动、一些仪器设备工作时产生的电磁场等，特别是航天器作轨道运行时产生的失重或微重力环境）。须知，因为失重或微重力环境造成了一系列不可琢磨的特殊性物理变化，常常被比拟为神奇的"潘多拉魔盒"，是复杂的、影响深远的空间飞行环境。

　　航天器怎样克服地球的引力，飞出地球大气层？

　　邀游太空一直是人类自古以来的梦想。人们用了种种美丽的飞天神话和幻想来寄托这种愿望。许多勇敢者企图模仿鸟类，用人造翅膀飞行的尝试都失败了。理论研究证明，由于生理结构上的局限，人类永远不能用肌肉的力量在空中支持自身的重量。按照牛顿的万有引力定律，任何两个物体间都有相互吸引力。引力的大小跟它们的质量成正比，跟它们之间的距离的平方成反比。人与地球的质量相差太悬殊，所以人总是被庞大的地球引力所束缚而不能离开地面。

　　因此，人要离开地面就要克服地球引力。要使一个物体离开地球，必须沿着地球引力相反的方向（即向上）对它加力，使之做加速运动，当它达到一定速度时停止加力，它就能以惯性一直向前而脱离地球。这个速度是可通过地球的质量和物体与地心的距离计算出来的。物体在地球表面上（即距离为地球的半径）飞行时，这个速度为11.2千米/秒，叫做脱离速度，或逃逸速度。这就是说战胜了引力。

飞跃神秘的外太空

我国古人进行过哪些飞行尝试

遨游太空是人类的愿望。人类飞行最早受到动物、特别是鸟类飞行的启发。飞行的最初尝试是单纯模仿鸟飞的飞人试验。

人力飞行：

我国西汉王莽时代，有人用羽毛（鸟羽）做成两只大翅膀装在身上，并在头和身上粘满羽毛，模仿鸟飞行，飞行了数百步才落地。这是人类最早的飞行尝试。到了东汉时期，我国科学家张衡制造出一种木鸟，身上有翅膀，腹中有器件，能飞数里。这就是历史上记载的木鸟飞天的故事。

孔明灯：

相传五代时，莘七娘随丈夫进入四川作战，他们用竹和纸做成方形的灯笼，底盘上点燃松树脂（松香油），当热气充满灯笼时，这灯笼会扶摇直上，晚上高挂在空中，作为军中联络信号。这种松脂灯，称之为孔明灯，以纪念三国时期蜀国的政治家和军事家孔明（诸葛亮）。

孔明灯流传于中国许多省份，但形状各异，大多数为球形或圆柱形，灯中燃烧的燃料除松脂外，还有用一般的油和木柴等。名称也五花八门，如云灯、云球、飞灯、天灯或宫粉（云南西双版纳的名称）等。

孔明灯就是一种原始的热气球。由此可见，我国古代热气球已广为流传。原始火箭在古希腊，有代达罗斯父子向太阳飞行的神话。在我国，有嫦娥奔月的传说。到18世纪初，我国已有"顺风飞车，日行万里"的说法，还画出了飞车腾云驾雾的想象图。后来，关于飞人、飞木鸟的故事就更多了。可见，航天已经是人类几千年孜孜以求的愿望。

现代火箭的诞生，使千百年来人类遨游太空的理想终于实现了。火箭是现代先进科学技术的一大标志，但是，火箭在历史上又是十分古老的。火箭是中国发明的，在11世纪左右，我国人民已制造了火箭。当然这是一种原始火箭，它用纸糊成一个筒，把火药装在筒内（实际上就是固体火箭发动机），然后把这个药筒绑在箭杆上。药筒前头封闭，后头开口（即喷管）。火药燃烧时从后口喷出大量气体，利用反作用力推动火箭前进。这种原始火箭，实际上是现代火箭的雏形。

火箭利用反作用力推动前进。在自然界，利用反作用推动原理为自己前进提供动力的动物有许多，如鲍鱼就用向后喷水的方法使自己快速前进，乌贼也是用向后喷汁的手段使自己前进的。

我国古代劳动人民不但发明了火箭，而且将火箭用于军事，如用火箭攻击敌营等。据古书记载，1126年，宋、金的开封府之战，宋将就用火箭抗击金兵。

火龙出水：

现代多级火箭的思想是俄国的齐奥尔科夫斯基在20世纪初才提出的，而我国早在1621年的著作《武备志》中就已经记有名为"火龙出水"的初始两级火箭。

"火龙出水"是一种最早的两级火箭，它由约1.6米长的毛竹制成，前边装有一个木制的龙头，后边装有一个木制的龙尾。龙身下边一前一后装两枚大火箭，而肚子内又另装几枚火箭，并把肚子内几枚火箭的引火线总联到龙身下面两枚大火箭的底部。

茅元仪的《武备志》中说："水战，可离水三四尺燃火，即飞水面二三里去远。如火龙出于江面。筒药将完，腹内火箭飞出，人船俱焚。"也就是说，火龙出水发射时，离开水面约1～1.3米，由龙肚子底下的两枚大火箭提供推力，把它送到1～1.5公里之外。大火箭烧完时，引燃龙肚子内的所有火箭，由它们去攻击目标，烧伤敌人，烧毁船只。

这种两级串联式火箭，其原理与我国"长征"3号串联式运载火箭相似，我国"长征"3号三级火箭，就是采用一级燃烧完，点燃二级；二级燃烧完，点燃三级，从而把通信卫星送上太空的。

当然还包括前面介绍的万户登天的故事。

飞跃神秘的外太空

风筝之谜

中国的风筝已有两千多年的历史。传统的中国风筝上到处可见吉祥寓意和吉祥图案的影子。在漫长的岁月里，我们的祖先不仅创造出优美的、凝聚着中华民族智慧的文字和绘画，还创造了许多反映人们对美好生活的向往和追求、寓意吉祥的图案。它通过图案形象，给人以喜庆、吉祥如意和祝福之意；它融合了群众的欣赏习惯，反映人们善良健康的思想感情，渗透着我国民族传统和民间习俗，因而在民间广泛流传，为人们喜闻乐见。

风筝，一直融入在中国传统文化之中，受其熏陶。在传统的中国风筝中，随处可见这种吉祥寓意之处："福寿双全"、"龙凤呈祥"、"百蝶闹春"、"鲤鱼跳龙门"、"麻姑献寿"、"百鸟朝凤"、"连年有鱼"、"四季平安"等题材。这些风筝无一不表现着人们对美好生活的向往和憧憬。吉祥图案运用人物、走兽、花鸟、器物等形象和一些吉祥文字，以民间谚语、吉语及神话故事为题材，通过借喻、比拟、双关、象征及谐音等表现手法，构成"一句吉语一图案"的美术形式，赋予求吉呈祥、消灾免难之意，寄托人们对幸福、长寿、喜庆等愿望。它因物喻义、物吉图案，将情景物融为一体，因而主题鲜明突出；构思巧妙，趣味盎然，富有独特的格调和浓烈的民族色彩。例如一对凤鸟迎着太阳比翼飞翔的图案，称为"双凤朝阳"，它以丰富的寓意、变化多姿的图案，体现了人们健康向上的进取精神和对美好幸福的追求。中国吉祥图案内容丰富，大体有"求福"、"长寿"、"喜庆"、"吉祥"等类型，其中以求福类图案为多。

一、求福：

人们对幸福共同的追求心理。蝙蝠因与"遍福""遍富"谐音，尽管它形象欠美，但经过充分美化，把它作为象征"福"的吉祥图案。以蝙蝠为图案的风筝比比皆是，如在传统的北京沙燕风筝中，以"福燕"为代表，在整个翅膀上，可以画满经过美化的蝙蝠。其他的取其寓意的风筝有："福中有福"、"福在眼前"、"五福献寿"、"五福捧寿"、"福寿双全"、"五福齐天"、"五福献寿"等。周代《洪范》篇载"五福"：一曰寿，二曰富，三曰康宁，四曰攸好德，五曰考终命。"攸好德"谓所好者德，"考终命"谓善终，不横夭。按五福寓意，福已包含富和寿。其他的求福吉祥图案还有"鱼"和"如意"（如意原是竹木制的搔杖，专搔手够不到的地方，因能尽如人意而得名）。与此有关的吉祥图案与风筝有："连年有鱼"、"喜庆有余"、"鲤鱼跳龙门"、"百事如意"、"必定如意"、"平安如意"等。

二、长寿：

古往今来人们都希望健康长寿。寄寓和祝颂长寿的图案很多：有万古长青的松柏，有据说能享几千年寿命的仙鹤及色彩缤纷的绶带鸟，有据传食之可以长命百岁的"仙草"灵芝和能够使人长生不老的西王母仙桃等。追求和表达长寿的"寿"字有300多种字形，变化极为丰富。源于佛教的"卍"字纹样，寓"多至上万"之意。在沙燕风筝中，腰部的图案就多为回转"卍"字纹样。与此有关的吉祥图案与风筝有"祥云鹤寿"、"八仙贺寿"等。

三、喜庆：

表达人们美好、愉快、幸福的心情。喜字有不少字形，"囍"是人们常见的喜庆图案。喜鹊是喜事的"征兆"，风筝中有"喜"字风筝、"囍"风筝等，与此有关的风筝和吉祥图案有："喜上眉梢"、"双喜登眉"、"喜庆有余"、"福禄寿喜"、"双喜福祥"。喜庆图案颇具情趣的还有百蝶、百鸟、百花、百吉、百寿、百福、百喜等图案，如"百鸟朝凤"。寓人间美满婚姻、夫妇和谐的有鸳鸯图案风筝等。

四、吉祥：

龙、凤、麒麟是人们想象中的瑞禽仁兽。龟在古代是长寿的象征，后来以龟背纹代替。特别需要强调的是关于龙的话题，中国是个尚龙的国家，在我们国家里龙是有着特别的意味。龙是有着鹿的角、牛的头、蟒的身、鱼的鳞、鹰的爪的神奇生物，被视为中华古老文明的象征。以瑞禽仁兽及其他物象构成的传统吉祥图案有："龙凤呈祥"、"二龙戏珠"、"彩凤双飞"、

飞跃神秘的外太空

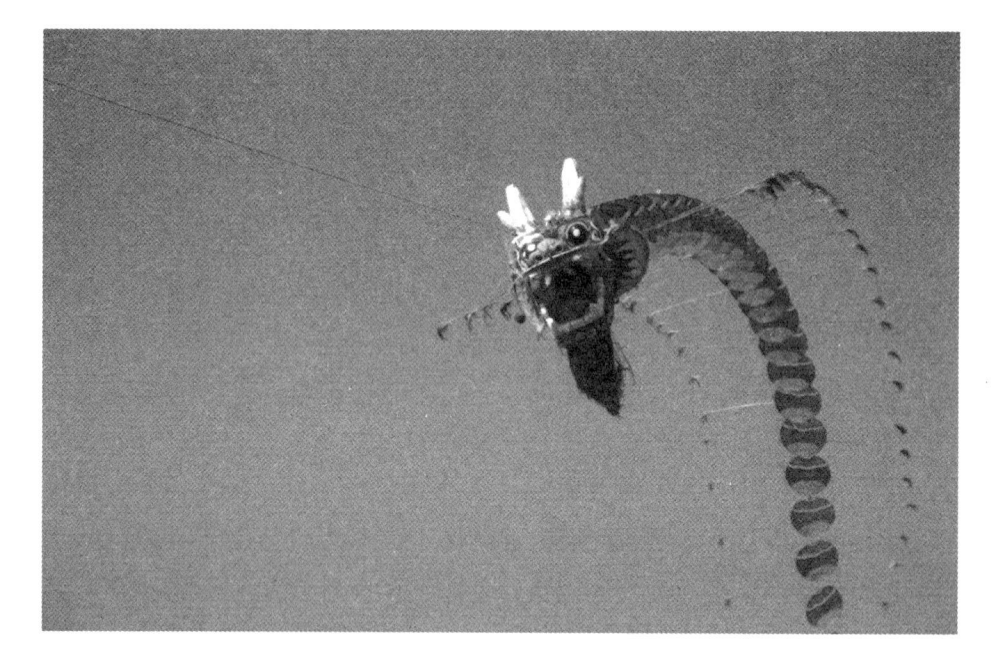

△ 龙风筝

"百鸟朝凤"等。中国传统风筝龙头蜈蚣长串风筝，尤其是大型龙类风筝，以其放飞场面壮观，气势磅礴而受人喜爱。

近代，特别是最近二十多年来，我国的风筝事业得到了长足的发展。风筝作为体育运动项目和健身休闲娱乐活动开始普及。国内外的风筝比赛促进了风筝这项活动的普及，越来越多的人们开始加入到这项活动家中来。

我国风筝流派众多，主要有：

一、潍坊风筝：

潍坊地处齐鲁之邦，古称潍县，是一文化名城，又是历史上著名的手工业之乡。这里所出产的泥塑、首饰、刺绣、杨家埠木版年画和风筝都是非常有名的。只要你到潍坊去一趟，就能感受到它作为国际风筝都的称号是当之无愧的。悠久的文化历史，形成了潍坊风筝特有的地方色彩。潍坊风筝自宋代开始流行民间，明代更加普及，到清乾嘉年间盛行乡里。曾在潍县任七年县令的扬州八怪之一郑板桥，他写《怀潍县》一诗描述了清明时节潍坊一带放飞风筝的情景：

纸花如雪满天飞，

娇女秋千打四围。

飞彩罗裙风摆动，

好将蝴蝶斗春归。

同时期的潍县人郭麟也曾写过此类诗句："纸鸢儿子秋千女，乱草新禾春燕多。"记述了当地人民在风和日丽、草木竞发的清明佳节，争相到白浪河两岸游春放风筝的热闹场面。潍坊风筝艺人经过几代人苦心研究探索，把国画、杨家埠木版年画的技巧与风筝制作工艺巧妙地结合在一起，又形成了杨家埠风筝、国画风筝和象形。

潍坊风筝有三个分支流派。在潍坊风筝中最具代表性的风筝分别为龙头、蜈蚣风筝、硬翅人物类风筝等。

二、北京风筝：

北京风筝已有300多年的历史记载。清明时节出游放飞风筝是北京一带的民间习俗，《见闻杂志》说："二三月高粱桥踏青，万柳堂明莺，弄箜篌。"清人潘荣陛所著《帝京岁时纪胜》也把放风筝写得活灵活现："清明扫墓，倾城男女，纷出四郊，提酎挈盒，轮毂相望。各携纸鸢线轴，祭扫毕，即于坟前施放较胜，""京师纸鸢，极尽工巧，有价值数金者。"清《帝京岁时记胜》记载了当时倾城男女"各携纸鸢"，清明扫墓后施放较胜的盛况。近人沈太侔《春明采风志》载："常行沙燕，一尺以至丈二，折竹结架，作燕飞式，纸糊，绘青蓝色，中按提线三根，大者背着风琴或太平锣鼓，以索绕，顺风放起，昼系线条，夜系红灯，儿童仰首追逐。以泄内之积热，盖有所取意也。三尺以上，花样各别，哪吒、刘海、哈哈三圣、两人闹戏、蜈蚣、鲇鱼、蝴蝶、蜻蜓、三阳开泰、七鹊登枝之类。其最奇者，雕与鹰式，一根提线翔空中，遥睹之，逼真也。"北京风筝基本形式有硬翅、软翅、排子、长串和桶形五种。

三、天津风筝：

天津风筝也是很有特色的风筝流派之一。天津风筝的制作技术，历史悠久，工艺精湛。清代的杨柳青年画《十美图放风筝》即可证实有串灯、盘鹰、唐僧取经、蝴蝶等十种风筝。对天津风筝制作技术作出重大贡献的，是已故风筝艺人魏元泰。他从事风筝制作七十余年，先后研制了平拍类、圆形立体类和软翅风筝，还创造了折翅风筝。他的作品在1914年巴拿马世界博览会获得了金牌，为天津风筝赢得了荣誉。以"风筝魏"为代表的天津风筝，造型逼真，色彩典雅，做工精细。筝面大多用丝绸，轻而结实，骨架选用质地细密、节长、弹性大的毛竹，用料十分考究。天津风筝在继承传统制作技术的基础上，不断创新和发展，造型更加美观，彩绘更加精美，放飞晴空令人赏心悦目，又可放于室内以供观赏，是民间工艺的珍品。

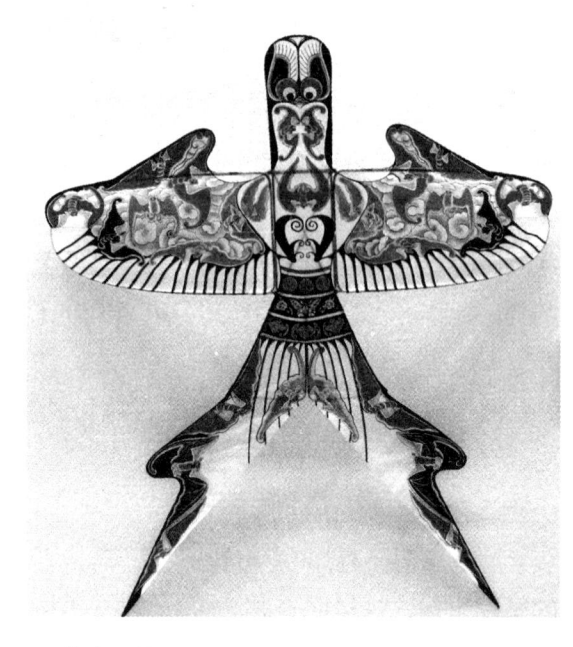

△ 传统风筝

四、四川风筝：

主要流传于成都、绵竹等地，半印半画，先在纸上印好人物或动物形象的墨线轮廓，糊在骨架上，再用红、黄、蓝、绿等水画粗粗刷几笔，显得潇洒流畅。风筝以大为贵。有一种"羊尾巴"风筝，形制小且无装饰，三五个串在一起，放飞时摇摇摆摆，如羊群摆尾；还有一种T形风筝，也为别处没有。此外，成都的柏树林也是过去有名的风筝市。

从唐宋开始，中国风筝向世界流传，先是传到朝鲜、日本、马来西亚等东南亚国家，然后传到欧洲和美洲等地。在欧洲产业革命形势的影响下，中国的玩具风筝在那里向着飞行器发展，经过英国的凯利、澳大利亚的哈格瑞夫和德国的李林达尔等人，最后在美国由莱特兄弟造成了最早的能载人并成功飞行的飞机。

因此，在美国华盛顿宇航博物馆的大厅里挂着一只中国风筝，在它边上写着："人类最早的飞行器是中国的风筝和火箭。"

飞机是怎样飞起来的

人类自古以来就常常仰望着天空中变化莫测的白云，幻想能够像鸟儿一样腾云驾雾、翱翔蓝天。这一定是人类追求并实现自由飞行的起源。但直到二百年前，无情的苍天却一直不允许人们上天去俯瞰那绚丽多彩、辉煌壮丽的山河，更不允许去探索神秘的宇宙、灿烂的银河。那时，人类只能把上天的希望寄托在美丽的神话和幻想上。

随着生产与科学技术的发展，人们不断地对飞行进行尝试和实践，今天人类可以自由翱翔高飞，甚至已登上了离地三十八万多千米高的月球，终于把幻想变为现实。

关于飞机的发展，还要回溯到18世纪航空发展的早期。那时由于气球飞行成功，激励着人们去探索和研究新的、比空气要重的飞行器。

扑翼机是人们首先进行探索和研究的主要对象，想要像鸟那样实现扑翼飞行。但是直到今天，扑翼机还未研制成功。主要原因是，鸟翼的动作相当复杂，并不仅仅是简单地上下扇动，而且还有扭转运动等。人们在弄清这个问题之后，不得不放弃了扑翼机的研制工作。

直升机的发展也是很早的。人们对直升机的向往，可以追溯到古代。可以说，直升机的发展历史要早于固定翼飞机。但是，有实用价值的直升机却比固定翼飞机的出现要晚。因为直升机飞起来还是比较容易的，但要使它向前飞行却比较困难，关键是旋翼的传动装置，在技术上比较复杂。这样复杂的技术问题，对七八十年前的材料、工艺和技术水平来说，还是难以解决的。

固定翼飞机是人们研究的主要对象。经过多年的探索，人们认为固定翼飞机是最有希望成功的。为了使固定翼飞机飞行获得成功，必须解决三个主要问题：飞机的动力问题、飞机的升力问题、飞机的稳定性和操纵性问题。

飞跃神秘的外太空

飞机这一类飞行器比空气重得多，之所以能在大气中持续飞行，全依赖空气动力的支托。同时空气动力也阻碍飞机前进。飞行员驾驶飞机在空中飞行，做出形形色色的动作，是通过操纵杆、舵和油门改变推力（拉力）和空气动力来实现的。

飞机为什么能够在空中飞行呢？简单地说，就是因为飞机有发动机和机翼。发动机产生推力（拉力），克服空气的阻力，使飞机获得飞行速度。机翼在运动中能产生升力，支持着飞机的全部重量，才使他不会像一块铁那样掉下来。尽管飞行中飞机所受作用力和力矩比较复杂，但是归根结底还是推力（拉力）、阻力、升力、重力的变化，因此人们称之为飞行的四个基本要素。当升力等于重力，推力（拉力）等于阻力，各力矩互相平衡的时候，飞机便在空中保持着一定的高度和速度作直线飞行。

也许您会问，飞机也不能一直飞直线呀，要转个弯儿怎么办呢？诚然，飞行时需要飞行员操纵的东西很多，但主要是油门、驾驶杆和脚蹬。加减油门，可增大或减小发动机的推力（拉力）；操纵驾驶杆，可以改变升降舵、副翼的角度；蹬舵（实际是操纵脚蹬）可以改变方向舵的角度。在飞行中，飞行员手脚并用，协调配合地使用油门和杆、舵，使推力（拉力）、阻力和升力等发生变化，从而使飞机作上升、下降、转弯以及种种特技飞行动作。

那么飞行员根据什么事物来操纵飞机呢？一般地说，根据感觉和判断。当飞机在空中做出千变万化的飞行动作的时候，飞行员要眼观六路，耳听八方，身受种种力的作用。从而得知自己每时每刻处于何种姿态，飞行高度、速度多少，发动机工作如何。飞行员正是根据这些感觉，判断飞机在空间的相对关系位置、飞行状态和运动趋势，借以继续操纵飞机。当然还要根据航空仪表的指示，特别在云中和夜间飞行，尤其要以仪表的指示为准。

飞机为什么逆风起飞和降落

您放过风筝吗？放风筝时总要牵引着风筝逆风跑一段距离，以增大风筝相对与空气的速度，使风筝尽快得到更大的升力而尽快升空。同理，飞机在起飞时也要滑跑一段距离，使之产生一定的升力离开地面。飞机逆风起飞，还没有滑跑时便有了一定的相对空气的速度，在滑跑时，只要用较小的速度和较短的时间便可以达到离地所需要的升力。所以与无风和顺风时起飞相比，滑跑距离要短。相反，如果飞机要顺风起飞，飞机要达到离地所需要的升力，就必须要较大的速度和较长的滑跑距离。如果跑道的距离不够，飞机滑跑到跑道头时仍不能离地，那就很可能发生事故。

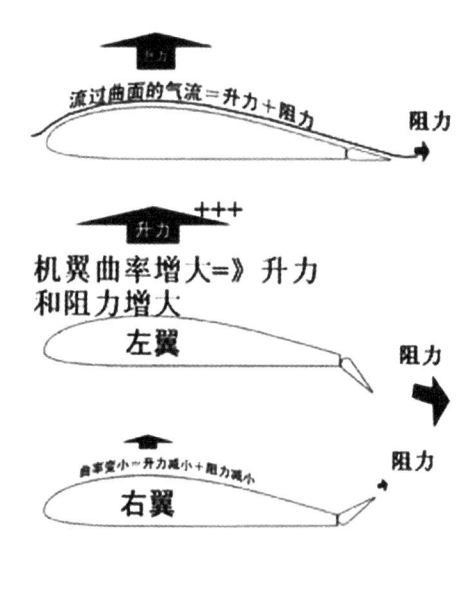

△ 飞机飞行原理

飞机着陆时，如果逆风着陆，便增大了飞机迎面阻力，尽快降低飞机的速度，缩短滑跑距离。如果顺风着陆，情况正好相反，阻力小，减速慢，滑跑距离长，风速过大时，有可能冲出跑道，发生飞行事故。为了增大着陆时的阻力，在高速战斗机上加装了减速伞。

由于跑道的方向是固定的，而风向则是经常变化不定的，因此飞机起飞、着陆不可能正好都是逆风，往往是侧风。这就需要飞行员正确修正侧风的影响。

飞跃神秘的外太空

飞机驾驶舱里有哪些仪表和设备

　　飞机驾驶舱位于飞机头部，面积一般有1平方米左右。其中飞行员坐椅占据面积最大，战斗机坐椅是弹射坐椅，在需要跳伞时，坐椅连同飞行员一起弹出。飞行员进入座舱坐好后，两脚像汽车驾驶员一样自然放在两个脚蹬上，脚蹬实际上是方向舵，用于起飞和着陆时控制飞机的方向，有的飞机还可用于刹车。两腿中间是驾驶杆（盘），用于操纵飞机上升、下降和转弯。一般驾驶杆旁边是油门杆，用于控制飞机发动机的进油。在驾驶舱的正前部是仪表板，上面有指示飞机状态的磁罗盘、高度表、速度表、升降速度表、地平仪等，有表示发动机工作状态的仪表，指示油箱油量的仪表，有自动驾驶仪、自动领航仪、平显、瞄准具、雷达显示器等。在座舱内还有起落架、襟翼收放手柄，以及各种开关、旋扭、灯光、把手等。

△ 飞机驾驶舱

　　驾驶舱是飞行员的工作和战斗岗位。尽管舱内仪表、设备、开关密密麻麻、琳琅满目，但飞行员对其了如指掌，达到闭眼能够准确摸到的程度，不但能够熟知其名称、位置、性能，而且能准确操作使用，并能判断和排除一般故障。

　　多座飞机除驾驶舱以外，还有其他空勤人员工作的座舱，如：领航舱、通信射击舱、雷达、火控系统操纵员舱、战术控制舱等。运输机当然还有庞大的客舱和货舱。

飞行员的座位舒适吗

许多人都以为飞行员是坐在舒舒服服的椅子上飞行的。事实上，飞机的坐椅不过就是两块钢板，上面覆盖了薄薄一层垫子而已。坐在上头虽不难受，但绝不如坐在办公室的沙发上舒适。战斗机飞行员飞行时还要穿着降落伞，包好的降落伞大小和坐椅一样，恰似一个"坐垫"，飞行员实际上是坐在"坐垫"上，飞行员、降落伞和坐椅三者连在一起。其实，这样的坐椅设计是为了使之在紧急迫降和弹射跳伞时，能承受巨大的作用力。

△ 飞行员的座位

飞跃神秘的外太空

刚返回的飞机再次起飞需要多长的准备时间

飞机返回地面之后，将被牵引到加油线上加油，再被牵引到停机坪上进行维护。在再次执行任务之前，通常需要准备40分钟（战斗机）或2个小时（轰炸机）。在这段时间里，要更换物资配备，还要对整个飞机系统特别是发动机作一系列的检查。如有必要，还会做一些其他方面的维修。如果要挂炸弹、鱼雷、导弹等，则需要更长的时间。

△ 空军地勤人员在给飞机安装炸弹

是谁让飞机着陆的

飞机着陆通常是由飞行员根据实际情况来决定的，当飞行员完成预定的计划或任务后，经请示塔台指挥员同意，便飞向预定的着陆机场。到达机场前，飞行员还要向机场塔台指挥员不断报告自己的位置，并请示着陆，经同意后才能加入着陆航线准备着陆。加入航线的方法是由塔台指挥员控制的，着陆之前的一系列动作和方法由飞行员（机长）实施完成的。

△ 机场塔台

云对飞机飞行有什么影响

云是指停留大气层上的水滴或冰晶胶体的集合体。云是地球上庞大的水循环的有形的结果。太阳照在地球的表面，水蒸发形成水蒸气，一旦水汽过饱和，水分子就会聚集在空气中的微尘（凝结核）周围，由此产生的水滴或冰晶将阳光散射到各个方向，这就产生了云的外观。

云对飞行的影响，大致有以下几个方面：

一、云中能见度小

云对飞行的影响，主要是使能见度恶劣。云滴的物态、大小、浓度、云的含水量都直接关系到云中能见恶劣的程度。

高云（云底高度大于5000米）通常由冰晶组成，它反射太阳光使飞行员感到刺眼，云中能见度一般为数百米。

中云（云底高度大于2500米，小于5000米）的含水量较大，云中飞行能见度为数十米。

低云（云底高度小于2500米）的含水量就更大了，所以云中能见度恶劣。

在中、低云中飞行时，由于能见度很差，不能看清地标，影响目视地标飞行、航空摄影、空投、空中视察等任务的完成，甚至可能造成飞机迷航或其他飞行事故。

二、云中飞行有时遇到颠簸

由于云是上升气流、乱流和波动使湿空气冷却达到过饱和的产物，因此当升降气流的水平范围与飞机的大小相近时，时大时小的垂直气流和水平气流冲击飞机引起飞机升力变化而造成颠簸。有颠簸时，飞机的各部分结构都要经受忽大忽小的力，如果超过飞机的最大承受力，则飞机的某些部件可能变形甚至折毁。强烈的颠簸可使飞机在瞬间上升或下降数十米甚至数百米，

△ 飞机飞过云层

并使飞机左右摇摆，使飞机上的仪表指示不准确，容易造成不良后果。

三、云中飞行容易产生积冰

如果机体表面温度低于零摄氏度，云中的过冷水滴就会在飞机表面冻结并聚积起来，形成飞机积冰。飞机积冰后，影响飞机性能，给操纵飞机带来困难。

四、云中飞行容易产生飞行错觉

飞机在云中飞行时，因看不到天地线，容易将较亮的方向当做天顶，将较暗的方向当做地面，这样在云的下部飞行时，就会误认为飞机在倒飞；当云中明暗不均匀或在云的边缘部分飞行时，会误认为飞机有俯仰或左右倾斜。飞行员如果处置不当，容易造成飞行事故。

五、低云会影响飞机着陆

低云是危及飞行安全的危险天气之一。在低云遮蔽机场的情况下着陆，如果飞机出云后离地面高度很低，且又未对准跑道，往往来不及修正，容易造成复飞。有时由于指挥或操作不当，还可能造成飞机与地面障碍物相撞、失速的事故。

飞跃神秘的外太空

风对飞机飞行有什么影响

风对飞机飞行的影响是显而易见的。在较小的范围内能遇到的危险的风有下面几种：

雷暴。雷暴是在空气中有大量水汽、上下温差很大时出现，它首先形成积云，然后在云中的水汽形成雨滴下降，下降的雨和上升的热气流相撞击，产生雷电，因而，在雷暴区既有电门又有不稳定的大风和暴雨，任何飞机都必须避开雷暴，否则将非常危险，甚至在雷暴附近飞行的飞机都必须注意它的发展趋势。

湍流。是指大气中空气有不稳定气流的上下运动，这种气流称为湍流，飞行在这样的气流中，飞机抛上抛下是非常不舒服的，可造成飞行员操纵困难或暂时失去操纵，常见的湍流是表面湍流，由于空气受热上升或因地形而上升后温度差别较大，其中的水汽遇冷凝结后下降而造成的，因而地面的障碍物、山峰的背风面以及云层的下面在一定条件下都会出现颠簸。这种湍流通过机载气象雷达等设备可提前探测到，并提醒旅客做好准备。最危险的湍流是风切变，风切变是风的速度和方向的突然改变，它可以发生在任何高度，而且有时速度极大，甚至可以损害飞机的结构，特别是在起飞或着陆时，风切变可以使飞机的空速和高度迅速变化，造成严重事故。风切变的成因是因为冷暖空气层的倒置，即上部的空气比下部的空气暖，造成了气流的不规则运动。目前对于风切变还没有很好的预报的方法，在一些大机场装备了能探测风切变的雷达，这样可以防止在跑道上空风切变造成的飞机事故。和风切变同样危险的另一种湍流是晴空湍流，它出现在晴朗的天空，在低空这种湍流一般造成的颠簸不大，在高空往往强度很大，造成很大危险，晴空湍流出现的机会不多，因为无水汽，是无法让肉眼或气象雷达看出来的，因而造成的危害很大，飞机后面的尾流，也是一种湍流。它是由飞机翼尖向内向下旋转的涡流，大飞机的尾流可能延伸

3000米左右，因而在大飞机后面飞行的小飞机会因此而受到剧烈颠簸，飞机难以控制。在飞行中，特别是在起飞或着陆时，应保持一定的飞行间距。国外航空公司已发生类似情况引起的空难事故。

　　风是由于地球运动、大气层中温度不同和大气压力不同使空气在不同方向上对流而形成的，由于风速在高速飞行中对速度影响相对较小，因而低速飞机的驾驶员需要考虑风的影响，在起飞和着陆时飞行的速度低，要更多地考虑风的影响，起飞和着陆是迎风进行的，从而提高了飞机的空速，缩短了在跑道上滑跑的距离，增加了安全系数。侧风时的起落，驾驶员必须考虑侧风会使飞机的航迹偏离跑道中心线，因而必须调整飞机的航向迎向侧风一定的角度，才能使飞机不致于偏离跑道，当侧风的风速大过一定速度时，则不能起降。在巡航时，顺风会使地速增加，从而使飞行的时间和燃油大量节约，因而在巡航时，驾驶员都会力争在有利的风向高度上飞行。

　　在中等范围内，我们遇到的空气运动是由相同温度和湿度的空气组成一个整体的运动，称为气团。在极地海洋生成的气团是冷而潮湿的，极地大陆上生成的气团是冷而干的，在热带海洋上的气团是热而湿的，热带大陆上的气团是热而干的。冷气团和热气团相交，就形成锋面，如果是热气团进入冷气团称之为热锋，反之，则称为冷锋，锋面运动将带来大风和气温及气压的变化。热锋面由于热空气在行进中和冷空气相遇时向上移动，从而形成一个倾斜向上的界面，这一个界面可以延伸上百公里，因为热空气中的水分遇冷凝结，在这一带中就形成很大的雾区和雨区。一般目视飞行的飞机要避开热锋，对于仪表飞行的飞机也要绕开热锋形成的强降雨区。冷锋是由于冷空气移动，它移动的比热空气快，因而带来大风，这种大风在气象上也叫鸣。同时热空气的上升会带来雷雨天气和气流的颠簸，冷锋一般时间较短。

　　强风对民航飞机的起飞降落有着较大影响，各种机型对在起飞、降落时所能接受的强风天气都有相应的标准，包括风向、风速等指标，一旦风的强度超过相应的安全标准，飞机就无法起飞降落了，由于各机型有着的不同标准，即使同机型在不同航空公司也可能有不同的起降标准，因此就会出现有些飞机能正常起降，有些飞机只能备降其他机场或在本场等待天气好转而造成航班延误的情况。

飞跃神秘的外太空

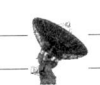

飞机要超音速飞行，要具备哪些条件

音速是指声音在空气中传播的速度。高度不同，音速也就不同。在海平面，音速约为1224公里/小时。在航空上，通常用M（即马赫）来表示音速，M=1即为音速的1倍；M=2即为音速的2倍。

当飞机的飞行速度接近音速时，周围的流动态会发生变化，出现激波或其他效应，会使机身抖动、失控，甚至空中解体，并且还可产生极大的阻力，使以突破M=1的速度。人们把这种现象称之为音障。

在第二次世界大战期间，一些活塞式战斗机在加速俯冲速度达到M=0.9时，就曾强烈感受到了音障，并有的飞机因此而失事。当喷气式飞机出现后，使飞机速度有可能大幅度提高时，能否突破音障就成为航空界注视的一大焦点。英国首先开始对超音速飞机进行研究。迈尔斯公司受官方委托于1943年研制M52型喷气式飞机，目标是速度达到M=1.6。但由于当时有人在驾驶其他飞机接近音速时失事遇难，官方认为载人的超音速飞行太危险，后来终止了这一计划。

美国于1944年开始了同样研究，它采用以火箭发动机为动力。贝尔公司于1945年制造出X—1火箭实验机，C—1的机翼很薄，平直翼型。它需由一架B—29型重型轰炸机挂在机身下带到空中，然后在空中点火，脱离轰炸机单独飞行。1947年10月14日，空军上尉查尔斯·耶格驾驶X—1在12800米的高空飞行速度达到1078公里/小时，M=1.1015，人类首次突破了音障。1953年，试飞员道格拉斯驾驶着"流星烟火"号飞机，在喷气发动机和火箭的双重推力下，首次以音速2倍以上的速度飞行。这说明，只要突破M=1，就不会再有音障存在。人们通过研究发现，采用向后倾斜的机翼可以延缓或消除音障现象的出现，并减少飞行的阻力，有利于提高飞行速度，所以后来的亚音速和超音速飞机大都采用有向后倾斜角度的后掠翼、三角翼或梯形机翼。

为什么飞机超音速飞行时会发出打雷一样的响声

声音是一种波。在声波传播的过程中，已被扰动的空气与未被扰动的空气之间有一个分界面，我们把这个分界面叫做波阵面。如果声源是静止的，波阵面就是一个向外扩展的球面，在竖直剖面上有一个圆；如果声源是运动的，而且声源的运动速度超过声速，尽管每个时刻声源依然向外发出圆形的波，但这些圆形波却聚集成了直线形的波阵面，也就是说波阵面不再是圆形的了。这时，就会产生称为声暴的奇异的声学现象。

飞机做超音速飞行时，机头、机翼、机尾等处都有会引起周围空气发生急剧的压力变化，产生强烈的前激波和后激波，这两种声波的强度都很大。当前激波经过时，空气压力突然增高，随后压力平稳下降，以至下降到大气压以下。接着，当后激波经过时，压力又突然上升，并逐渐恢复到大气压力。前后两个激波以过的时间间隔约为0.12～0.22秒。如果飞机的飞行高度不太高，我们就可以在激波以过的瞬间，听到好似晴天霹雳的雷声或像炮弹爆炸的声音，这就是超音速飞机飞行时产生的所谓声暴。由于有前后两个激波，所以我们能够听到短促而猛烈的两声声暴。

声暴与飞行高度和速度有关。在同样飞行速度下，飞行高度越低，地面受激波的影响就越强，反之就弱。同样，在高度相等时，飞行速度越大，激波越强，反之就小。如果低空作超音速飞行时，产生的声暴甚至能将建筑物震塌。因此，在一般情况下，飞机做超音速飞行，应不低于规定高度，这样可以减弱对地面的影响。

飞跃神秘的外太空

什么是航空管制

　　航空管制，亦称飞行管制，是一个具有中国特色的航空领域的概念。

　　1949年11月11日，我国人民空军正式成立，同飞行有着密切关系的管制部门（旧称航行部门）也相继组建，早期使用的是"航行调度"这一概念。后来，随着我国航空活动日益增多，航空管制和空中交通管制概念便应运而生。

　　《中国人民解放军军语》（1997年版，第493页）解释为："航空管制亦称飞行管制，是有关部门根据国家颁布的飞行规则，对空中飞行的航空器实施的监督控制和强制性管理的统称。主要目的是维持飞行秩序，防止航空器互撞和航空器与地面障碍物相撞。"

　　《中国大百科全书》指出，航空管制是"根据国家颁布的航空法规，对在其领空内的一切飞行活动进行强制性的统一监督、管理和控制。亦称飞行管制。目的是保卫国家安全，识别空中目标，维护飞行秩序，保证飞行安全"。空中交通管制是"对航空器的飞行活动进行管理和控制的业务。其任务是防止航空器彼此相撞，防止航空器与机场及其附近地区的障碍物相撞，促使空中交通畅通而有秩序，从而保证飞行安全和提高飞行效率"。

　　我国民航界对空中交通管制概念的认识与国际民用航空组织是一致的。《空中规则与空中交通服务》指出："空中交通管制服务是为下列目的而提供的服务：（1）防止相撞，包括航空器之间和在机动区域内航空器与障碍物之间；（2）加速和维持有秩序的空中交通流动。"

　　从上述我国对航空管制和空中交通管制概念的定义可以看出，尽管三种表述略有不同，但他们对航空管制这一活动目的的解释是比较一致的，在一定程度上反映了航空管制概念的内涵和本质。综合我国和世界主要大国对航空管制概念的认识，有以下几点是明确的：

△ 航空管制中心

航空管制的概念是发展的，世界各国对其认识也是递进的。与其他概念一样，世界航空管制的发展缘于两种力：一是信息技术和航空技术飞速发展的推动力；二是人类航空活动和现代联合作战理论对其需求的牵引力。

尽管存在历史文化背景、科学技术水平及体制编制等方面的差异，但世界各国对航空管制在国土防空、现代空中作战及航空运输业中所发挥作用的认识却是一致的，并积极地向空管空防一体化方向发展。

世界各国军方基本上都将"空中交通管制"看作是一个业务部门，是一种职业和技能。美国军方的"空域管制"和"空中控制"、俄罗斯军方的"空中管制"和"空中交通管制"，以及我军"航空管制"都是一个职能部门，具有一定的指挥和控制权限。

尽管国际民用航空组织将航空管制称作"空中交通管制服务"，但它不是一般意义上的"服务"，是"管制性与服务性的辩证统一体"、"管制性是空中交通管制服务中的主要方面，服务性是其次要方面，管制是第一位的，服务是第二位的"。

航空管制的职能有哪些

航空管制活动的每一个过程都可以看成是为实现给定的管制目标而进行的一系列活动。通常一个主要过程将涉及多种职能。航空管制的职能，是指管制主体在航空管制活动中所承担的任务、职权和作用。它既与管制目标一致，同时也与管制过程密不可分。航空管制的职能寓于过程之中，航空管制的过程体现职能。航空管制的主要职能有信息管理职能、计划组织职能、飞行指挥职能、飞行监视职能、飞行控制职能、管制协调职能、飞行冲突处理职能等。它们相互作用、相辅相成，共同构成了航空管制的整体职能。

一、信息管理职能

运用各种手段搜集、整理、储存和提供大量与航空管制有关的资料信息，同时，通过对实时采集、监控得到的情报和反馈信息进行处理、加工和上报，以及对管制计划形成的指令信息和调控信息等进行传递和发布的过程。航空管制是一个信息流通的过程，信息管理职能是履行其他职能的基础。

二、计划组织职能

管制主体根据某一特定阶段的总计划（如空中进攻战役行动计划或民航重复性飞行计划等）或某一项任务（如专机飞行保障任务或班期飞行保障任务等），确立相应的管制目标，制订可选择的方案（长期、中期、近期），确定具体实施步骤，明确权力和责任，筹措必要的人力、财力、物力，优化管制资源的过程。计划是一种预测未来空域活动、设定管制目标、决定管制策略、选择管制方案的连续过程；而组织是一种将确定的管制计划方案付诸实施的过程，包括根据管制任务的性质和规模设置管制机构、配备管制力量、调配管制设备、落实管制责任等。计划组织职能贯穿于航空管制活动的全过程，是管制主体遂行管制任务的依据。

三、飞行指挥职能

对航空器飞行活动实施的组织指挥活动，是管制部门的主要工作之一。目的是安排航空器的飞行及起降顺序，提高航空器、机场跑道和空间的利用率；防止航空器与航空器、航空器与地面障碍物相撞；协助飞行人员正确处置空中特殊情况，完成作战、训练和其他任务，保证飞行安全。飞行指挥的主要工作包括：了解飞行任务、飞行计划、飞行人员的技术水平及健康状况，航空器性能、机载设备以及各项保障工作情况；掌握飞行动态，了解天气变化，及时向飞行人员通报有关空中情况和指挥其准确地按照计划飞行等；当空中情况发生变化时，及时采取措施，正确处置。通常情况下，管制员负责对运输机（直升机）转场飞行实施程序指挥。

四、飞行监视职能

管制主体利用雷达、卫星、自动相关监视系统（ADS）等设备，对国家领空和飞行情报区内的航空器飞行活动实施统一的监视，检查航空法规、管制命令（指令）等的执行情况，监视通报航空器出（入）境及航空器擅自飞入空中禁区等，从而获取有效的飞行活动的状态信息，为国土防空部门提供飞行情报，为航空器提供空域飞行实时动态信息。飞行监视是航空管制必不可少的职能，是国家预警探测系统的重要组成部分，是飞行冲突处理的前提。只有连续地对飞行情况进行监视，才能尽早发现冲突和危险，快速做出处理决策。1992年，德国青年鲁斯特驾机降落莫斯科红场，不仅充分说明了飞行监视的重要性，更表明飞行监视职能是军民航管制部门共同的职责。此后，俄罗斯不断加强"克里木"系统的建设，实现空管空防雷达、通信、导航与监视系统的融合。美军与联邦航空局共同投资建设了"联合监视系统"（JSS），实现了空中警戒系统和空管系统的一体化，使航空管制的国土防空警戒作用得到强化，空防的飞行活动管理和控制作用得到了提高。

五、飞行控制职能

管制主体按照既定的管制目标、管制计划和管制法规等，对航空器飞行活动进行控制的行为。飞行控制职能的发挥必须具备三个条件：一是要有明确的约束标准，如时间约束、空域约束、政策和法规约束与识别约束等；二是通过前馈和反馈，及时预测和发现偏差和冲突；三是纠正偏差和冲突的有效措施。缺少任何一个条件，将影响飞行控制职能的有效发挥。飞行控制职能是航空管制的核心职能，是管制主体对飞行活动所进行的能动的、有目的的干预。

六、管制协调职能

管制主体从国家整体利益及作战需要出发，依据有关法规、政策、原则和工作计划，通过建立相应的协调机构或采取恰当的协调方式方法，及时消除飞行活动的矛盾和冲突，理顺各方面关系，从而确保航空运输正常运行及作战训练顺利实施。在航空管制活动中，管制协调是一种带有综合性、整体性的职能。与其他职能不同，管制协调职能不仅可以通过命令，也可以通过调整人际关系、疏通环节、达成共识等途径来实现平衡。

七、飞行冲突处理职能

管制主体利用现代信息技术和辅助决策优化系统，对飞行冲突进行预测、搜索、告警，以及做出冲突处理决策，并对冲突进行化解、回避和调整的过程。飞行冲突直接威胁飞行活动的安全，飞行冲突处理职能是现代航空管制的关键职能。飞行冲突预测、搜索、告警的及时性和准确性决定着能否对飞行冲突进行有效处理。在现代航空管制系统中，人是冲突处理过程中的决策、控制主体，因而提升管制员的冲突处理能力（知识、经验、技能）及消除思维定式尤显重要。此外，还需要建立飞行冲突处理循环决策机制，即"原有冲突处理方案——监控——决断——新的冲突处理方案"，同时，开发相应的飞行冲突处理辅助决策系统，使飞行冲突处理向自动化方向发展。

飞行情报怎样掌握

掌握飞行情报是航空管制的基本活动之一，也是组织与实施航空管制的前提条件。管制部门可以依据掌握的飞行情报，对航空活动实施统一的管理和控制，维护飞行秩序，监督航空器按照批准的计划飞行，防止航空器误入空中禁区、危险区、限制区和飞越国界。在飞行实施过程中，管制部门根据所掌握的飞行情报，及时安排和组织通信、导航、雷达、气象等有关勤务保障工作，有利于飞行活动安全、顺利地实施。飞行情报还可以辅助实施国土防空，各级指挥警戒值班系统根据飞行情报，掌握飞行动态，澄清空中不明情况，保卫国家领空安全。

一、掌握飞行情报的主要内容

飞行情报是指各种飞行计划以及各类保障飞行计划顺利实施的情报。其种类繁多，分法各异，但总体而言主要有飞行计划、飞行动态信息及与飞行安全有关的资料信息。管制员和管制部门组织实施航空管制，必须全面搜集掌握各种飞行情报，主要内容通常包括：

飞行计划。飞行计划是对航空器飞行做出的预先安排，是组织与实施飞行的依据。它分为主飞行计划和备份飞行计划，其内容通常包括：部别、航空器型别和架数、允许飞行的最低气象条件、飞行任务、架次、航线（空域）、高度、飞行日期、起降时间、使用的机场或导航台等。需要其他单位协助指挥和保障的飞行，还应增加飞行员姓名（代号）、航线位置报告点及其代号、地空通信规定等。飞行计划由组织飞行的单位制订，按规定时限向管制部门提出，经批准后方可实施。当需要改变飞行计划时，须经过审批该次飞行申请的机关批准。出入境飞行计划应注明航空器注册的国籍、识别标志、无线电呼号、频率范围、预计飞入、飞出国（边）境点的位置和时间等。

飞行动态信息。飞行动态信息是航空器在空中飞行的综合情况，主要包括位置、高度、速度、航向等。掌握飞行动态信息是航空管制工作的重要内容，目的是实时监控飞行活动，识别空中目标，解决飞行矛盾，防止航空器偏航、迷航，误越国（边）界，误入空中禁区、空中危险区、空中限制区。掌握飞行动态信息主要通过飞行计划表、对空联络和雷达监视等方式进行综合判断。实施雷达管制时，利用管制中心雷达显示终端提供的航空器位置、航迹、飞行高度等掌握飞行动态信息。

与飞行安全有关的信息。主要包括管制区域、航路（航线）、空中走廊、空中禁区、空中危险区、空中限制区、飞行空域、防空区和防空识别区等资料信息，以及航空器性能、通信、导航、雷达、机场、靶场、气象等资料信息。此外，还包括有关军民航管制规定与协议等。

二、掌握飞行情报的基本过程

管制部门通过飞行计划、飞行情况通报、航空器报告、领航计算、雷达监视、导航定位等方法掌握飞行情报。其基本过程包括：

1. 飞行计划处理

飞行计划处理内容非常广泛，从飞行计划的产生到飞行计划的终止，航空管制过程中所有作用于飞行计划的行为，都可以称之为飞行计划的处理。具体包括飞行计划申请、飞行计划的变更和取消、飞行计划的实施和终止等。

飞行计划申请。飞行计划申请就是将飞行计划预先上报管制部门的工作，分为场内、场外和转场飞行计划申请。飞行计划申请的内容通常包括：批次、部别、机型、架数、机号、机长职务和姓名、任务、航线、高度、飞行日期、起飞时间、允许飞行的最低气象条件、地空通信规定、备降机场等。飞行计划申请通常采用电话、电报和网络通信方式，申请的提出和审批要求在规定的时限内完成。飞行计划申请由担负航空管制任务的军事机关或民用航空管理部门按规定的权限批准，战斗飞行按照战斗命令执行。

飞行计划的变更和取消。飞行计划不能正常实施时，要进行飞行计划的变更或取消。影响飞行计划正常实施的原因具有不确定性，主要有：恶劣天气、飞行事故、飞行特情和机械故障等内容。对于飞行计划变更的内容主要

△ 航空管制中心

涉及起飞时间、空域、航线、飞行高度、备降机场等。

飞行计划的实施和终止。飞行计划经批准后，并具备航空器的适航条件时方可实施。当多机飞行时，第一架飞机撤轮挡开始滑行即为飞行计划开始实施，当最后一架飞机降落时，飞行计划即为终止。

2.飞行情况通报

飞行情况通报是一项通报飞行计划、飞行动态以及与飞行安全有关情况的工作。在管制部门之间或管制部门与有关单位之间进行。目的是掌握飞行动态，进行飞行调配，保证飞行安全。通报内容包括飞行预报、飞行实施情况、对空射击（发射）情况以及与航空管制有关的事项。通常按照飞行任务、飞行区域，使用有线、无线通信或者计算机网络系统组织实施。通报方式有按级、越级、直接、间接通报等。通报使用军语或者术语，应当准确、迅速、保密。飞行情况通报对于管制部门之间，以及管制部门与其他保障部门之间进行信息交流、搞好航空管制活动起着至关重要的作用。飞行情况通报关系的种类包括：军航内部的通报、民航内部的通报及军民航之间的通报。

通报制度应当明确通报的内容、方法、时间和要求，做到分工明确，责任落实。通报飞行情况时，应当分清主次急缓，妥善安排通报顺序，重要和紧急情况先于一般情况，时限要求较急的单位先于其他单位。电话通报时，应当使用军语或者术语；通报内容要准确、简练，并应当记录、录音，对重要情况要复诵、校对。

军航管制部门应当将航空器加入或者穿越航路（航线）的飞行计划，在飞行前及时通报有关民航管制部门；飞行计划更改或者撤销，应当向民航管制部门通报；执行作战、演习、特殊或者紧急任务涉及航路（航线）的飞行，只向民航管制部门通报加入或者穿越航路（航线）的地段、高度和时间范围。

民航管制部门应将航路（航线）飞行计划、飞行动态、危险天气等信息及时通报军航管制部门或军用航空器（运输机或直升机）；军用航空器在接受民航的管制指挥过程中，因天气等原因要求返航或备降时，民航管制部门应及时向军航管制部门通报情况。

3.飞行情报统计

各级管制部门均建立了严格的登记统计制度，管制部门的登记统计资料是研究改进工作、总结经验教训、提高工作效率的主要依据，值班人员应将值班、飞行指挥和飞行调配等信息进行登记、统计。各项登记要规范清楚、要素齐全。

飞行活动怎样监督

监督飞行活动是航空管制活动的一项重要内容，也是航空管制的基本任务之一。目的是全面掌握空中飞行动态，防止航空器违反飞行规定，保证飞行安全；监视不明航空器活动，防止侵入领空，维护主权；及时处置空中出现的异常情况。各级管制部门按照各自分工，充分利用现有装备，采用科学合理的管制方法和各种有效措施，准确掌握飞行动态，维护空中秩序，保证飞行安全和国家领空安全。

一、监督飞行活动的内容

监督飞行活动依据有关规定并通过军队作战指挥系统和民用航空空中交通管制系统进行。监督飞行活动的内容根据航空管制的任务和防空作战的需要确定，禁止没有经过申请和批准的航空器擅自起飞；监督各种航空器按照批准的飞行时间、航路（航线）、空域、空中走廊和规定的高度飞行，严格禁止未经许可的航空器进入空中禁区或飞越国界；防止航空器偏离航路（航线），超出空域，任意改变航行诸元；防止航空器空中危险接近或相撞，确保飞行安全。在监督飞行活动过程中，必须根据飞行任务性质、飞行活动区域以及航空管制设备等条件，在全面监督的基础上，又要确定重点监督的对象。监督飞行活动的重点主要有国境地带、沿海地区、空中禁区附近、炮射区附近和在我国境内的外国航空器的飞行活动。

国境地带的航空活动。国境地带指在国境线附近的地区，能否对该地区的航空活动实施严密监督，掌握在其附近的飞行动态，不仅关系到我国境内的航空活动安全，而且关系到国土防空和领空安全。因此，国境地带的各种航空活动必须置于严密的监督之下。

沿海地区的航空活动。沿海地区是指海岸线附近的地带，由于我国有较长的海岸线和诸多海上岛屿，因此，应对沿海地区的航空活动实施严密监

飞跃神秘的外太空

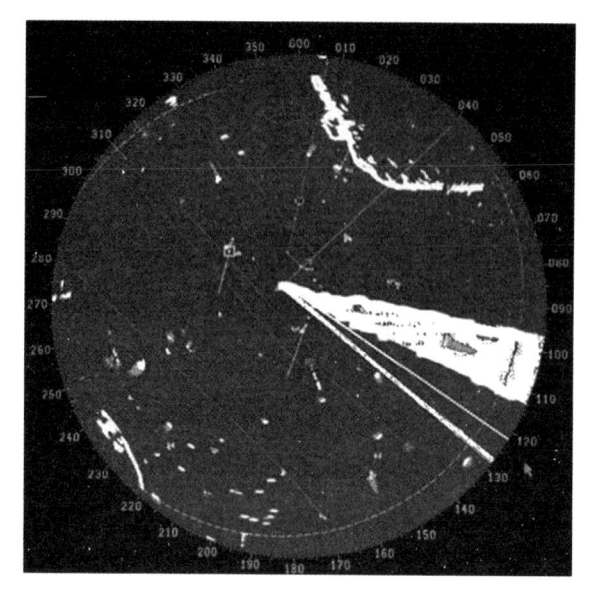

△ 地面雷达

督，准确掌握其飞行动态。除严格对沿海地区各种飞行计划进行审批外，在实施海上训练飞行时，飞行航线还应尽可能选择在我国雷达、通信、导航设备的有效覆盖区域范围内，以便准确掌握航空器的飞行动态。

空中禁区附近的航空活动。国家重要的政治、经济、军事目标上空，可以划设空中禁区、临时空中禁区。为了确保空中禁区的安全，未按照国家有关规定经特别批准，任何航空器不得飞入空中禁区和临时空中禁区。管制部门应充分利用各种手段和设备，准确掌握空中禁区附近的飞行动态，严密监控各种飞行活动，防止航空器因偏航、迷航误入其中，当发现航空器有进入空中禁区的趋势时，应及时指挥其改变飞行航向，及时避开该区域。

炮射区附近的航空活动。位于机场、航路（航线）附近的对空射击场或者发射场等，根据其射向、射高、范围，可以在上空划设空中危险区或者临时空中危险区。在规定时限内，禁止无关航空器飞入空中危险区或者临时空中危险区。严密监督炮射区附近的航空活动，掌握飞行区域（航线）附近对空射击场、发射场、炮兵射击靶场、射击点的射击，或者发射的时间、范围、弹道高度以防止误射航空器。一旦发现航空器误入炮射区，应立即指挥航空器绕过炮射区或上升飞行高度，并迅速通知炮射单位停止射击。

外国航空器的航空活动。外国航空器飞入或者飞出中华人民共和国领空，或者在中华人民共和国境内飞行、停留，必须按照中华人民共和国的有关规定获得批准。外国航空器飞入或者飞出中华人民共和国领空，必须按照规定的航路飞入或者飞出。飞入或者飞出领空前20至15分钟，其飞行员必须

46

向中华人民共和国有关管制部门报告，并取得飞入或者飞出领空的许可；未经许可，不得飞入或者飞出。管制部门应当严密监督在我国境内的外国航空器按照规定的国（边）境地带进出口、航路和空中走廊飞行，准确掌握其飞行动态，当发现偏航时，应当迅速通知有关部门采取有效措施，并及时上报。

二、监督飞行活动的手段

监督飞行活动主要依靠飞行计划、雷达标图、无线电守听、领航计算、航管一二次监视雷达等手段。因管制设备和管制方式的不同，监督飞行活动的手段也有所不同，程序管制多采用"静态监督"的方法，其时效性较差，精确度低，而雷达管制则利用雷达显示器上显示的航空器位置、代码、航迹、飞行高度、速度和时间等综合图像，对航空器的飞行动态进行监督。但是，不论是在程序管制条件下，还是雷达管制条件下，监督飞行活动和掌握飞行动态的手段是综合运用并相互校正的，确保获取飞行情报的连续性和准确性，都是为了掌握空中动态、维护空中秩序、确保飞行安全、加快空中流动、提高空间与时间的利用率。

飞跃神秘的外太空

如何实施飞行指挥

飞行指挥是组织与实施航空管制的重要组成部分，主要包括机场、航路（航线）、直升机野外起降的飞行指挥。

一、机场飞行指挥

机场飞行指挥的主要工作是指挥航空器起飞和降落、飞出和飞入机场区域。在起飞、降落过程中，飞机处于增、减速运动过程，状态变化大、操纵动作复杂、可供纠正错误和处置特殊情况的时间短，管制员首先需要妥善安排航空器的起飞、降落顺序，其次是熟悉飞机起飞、降落的规定，做好各方面的准备工作，严格按照程序和方法，实施正确指挥。在实施起飞指挥阶段，管制员要根据飞行计划和飞行员的请求，指挥航空器开车，通报起飞方向、使用跑道、风向、风速等；在目视范围内需要指挥航空器滑行，指示航空器进入跑道的滑行路线和时机；根据飞行员的请求和本场飞行情况指挥航空器起飞、上升、离场和加入航线。在实施降落指挥时，管制员要准确掌握航空器的位置和飞行高度，了解预达时刻和飞行情况；通报机场的风向、风速、云底高、能见度和场面气压、地面温度等；通报有关飞行情况和等待飞行方法，引导航空器下降高度；通报目视或者仪表飞行程序、降落方向、使用跑道；指示航空器加入起落航线或者穿云方法及有关数据；观察航空器的状态、跑道有无障碍物；指示滑行路线和停机位置。

指挥航空器飞出和飞入机场区域是机场飞行指挥的关键环节之一，是连接塔台指挥与航线飞行指挥的中间环节，航空器处于上升、下降飞行高度的阶段，管制员需要准确掌握有关航空器的位置和飞行高度，方可指挥航空器上升或者下降高度，防止与其他航空器发生冲突。

二、航路（航线）飞行指挥

实施航路（航线）飞行指挥时，管制员的主要任务是全程监督航空器是否严格执行了航路（航线）、空中走廊和其他有关的飞行规定，是否保持了规定的航行诸元。与机场飞行指挥相比，航路（航线）飞行指挥交接次数多、军民航协同复杂、受天气影响大，要求管制员充分准备、突出重点、明确分工、密切协调。当前，我国航路（航线）飞行指挥任务的分工是：民航管制部门负责航路（航线）上飞行的运输机和直升机的指挥；军航管制部门负责航路（航线）以外区域飞行的运输机和直升机的指挥。

实施航路（航线）飞行指挥前，管制员应根据飞行计划和天气情况，做好准备工作；当航空器即将进入指挥区域时，管制员应提前进行无线电守听，及时沟通联络；根据航空器的预达时刻，适时进行指挥；根据本指挥区域的特点和飞行指挥的要求，及时向航空器通报有关飞行动态和天气情况；根据航空器的位置报告，推算其预达下一个位置的时刻，利用雷达和导航设备，检查其飞行航迹、空中位置、飞行高度和速度，监督其按预定（航线）飞行；当航空器飞越中途机场时，担任航路（航线）飞行指挥的中途机场管制员，应提前与航空器沟通联络，开放导航设备，了解其飞行高度和飞行动态，掌握天气情况，调配飞行冲突，没有特殊原因，不得改变过往航空器的航线和高度；当航空器飞越指挥交接点、航线终点，进入（退出）空中走廊或进离场航线，到达降落机场区域并与塔台沟通联络后，负责航线指挥的管制部门可适时与其脱离指挥。指挥航空器改变航线或者飞行高度时，管制员应明确提供所改变的时间和地段，确保航空器不得低于最低安全高度。

三、直升机野外起降飞行指挥

通常，直升机野外起降场地地形复杂、气象资料不准、通信导航保障设施较差，管制员只有认真选择与布置野外起降场地，仔细研究场地的特点，了解降落场附近障碍物的位置和高度，正确选择直升机起飞离场和进入着陆的方法，才能完成直升机野外起降飞行指挥的任务，确保直升机野外飞行任务的完成。选择直升机野外起降场地时，在平原和丘陵地带，要确保起降方向上没有障碍物，着陆场面积应不小于40米×40米；在山谷地带，需要根据场地周围净空条件、标高、障碍物等情况，灵活确定起降方向和着陆场大小；在山头地带，主要考虑着陆场的面积是否合宜；在森林和河谷地带，要考虑便于直升机进入和退出，着陆场面积应不小于60米×40米；在夜间，着陆场面积适当要大些，通常以100米×80米为宜。在布置直升机野外起降场地时，可采用插红旗、布置烟火信号、摆放布板信号、用白灰圈标示及夜间打开车灯或点燃篝火等方法，或者多种方法同时使用，其目的是便于直升机发现和识别。

　　实施直升机野外起降飞行指挥，管制员要及时与飞行员沟通联络，主动通报野外起降场地的位置、标志和周围障碍物等情况，通报降落场地天气情况。着陆场地附近有草房、草垛等易吹起的物体时，应指挥直升机高出30米通过；山头场地着陆时，可指挥直升机先通场观察起降场，提醒飞行员用无地面效应的方法着陆；山谷场地起飞、着陆时，不宜做贴地飞行，如需低高度飞行，高度应在20米以上；在山区进行机动飞行时，其真高不得低于50米；城市场地起飞、着陆时，指挥直升机向显著地标飞行，提醒直升机防止与地面障碍物相撞；在海拔高度3000米以上的起降场着陆时，不关闭发动机；夜间野外起飞、着陆时，应向飞行员通报发光标志的特征，提醒飞行员认真辨认，防止落错地点；复杂气象飞行时，注意检查直升机的航线高度及位置；冰雪场地起降时，要避免浮尘、风雪影响视线；悬停指挥时，管制员需要及时提醒飞行员，防止直升机与障碍物相撞和尾桨打地，防止横侧移动或掉高度；贴地飞行指挥时，注意最低安全高度、气温、涡流等对升力等情况的影响。

发生飞行冲突如何调配

飞行冲突，是指航空器之间小于规定间隔的现象。调配飞行冲突是航空管制活动的关键性环节之一，直接与航空器飞行安全相关。研究飞行调配问题需要弄清楚飞行冲突的种类，明确调配原则。根据飞行调配的类型，形成一套科学、规范、合理的调配方法。

一、飞行冲突种类

飞行冲突是威胁航空器飞行安全的"大敌"，是空中危险接近和空中相撞事件的"前奏曲"。飞行冲突伴随着航空器飞行的全过程，只要有两架以上航空器飞行，就存在飞行冲突的可能。飞行冲突按飞行空间，分为航线与航线、航线与空域、空域与空域、航空器在上升或下降阶段的飞行冲突等。

航线，是指航空器从地球表面一点飞至另一点的预定航行路线。空域，是根据作战、训练和科学试验等飞行的需要划定的空间范围。航线与航线之间的飞行冲突，主要存在于两条或多条航线的交汇点，尤其是飞行活动频繁区域或机场密集地带，为航线与航线飞行冲突的多发点；航线与空域之间的飞行冲突，主要存在于航线上飞行的民航班机及转场、场外飞行的军用航空器，通过一个或多个飞行空域的情况。有时，一条转场或场外训练航线，往往要通过多个飞行空域，各飞行空域实施的飞行科目和飞行高度又常常不同，因此，航线与空域之间的飞行冲突多出现在昼间简单气象条件下，时间相对固定，且多存在于中低空；空域与空域的飞行冲突，通常是由于空域划设时受地理位置限制而导致的，出现空域与空域之间重叠或者其边界间距小于规定的安全间隔；上升或下降阶段的飞行冲突，主要存在于机场密集地区或机场邻近固定航线、空中走廊进出口附近，航空器上升或下降阶段。此类飞行冲突纵横交错、变化多端，管制员调配难度大。

51

二、飞行调配原则

飞行调配原则，是调整安排航空器在横向、纵向或垂直方向上的飞行间隔时所依据的法则或标准。飞行调配原则是随着航空活动的发展而逐渐产生和完善的。在航空业发展初期，由于航空器数量少、飞行速度低，调配飞行冲突主要靠飞行人员目视观察来完成。当时的飞行调配原则是："要看得见对方，同时又要被对方看见"。如果不注意观察空中情况，或者能见度不好，就可能发生飞行事故。随着航空器性能的改进和数量的增多，空中交通流量越来越大，飞行空间也越来越拥挤，仅仅依靠目视观察已无法防止航空器相撞。为了保障飞行安全，除改进机载设备和成立管制机构外，人们完善了飞行规则，明确了飞行调配原则。《中华人民共和国飞行基本规则》第九十一条指出："飞行指挥必须按照下列调配原则安排飞行次序：一切飞行让战斗飞行；其他飞行让专机飞行和重要任务飞行；国内一般任务飞行让班期飞行；训练飞行让任务飞行；场内飞行让场外飞行；场内、场外飞行让转场飞行。"为了保持航空器飞行顺畅，管制员依据飞行调配原则，妥善安排航空器飞行次序。

三、飞行调配类型

飞行调配是指按照规定对航空器在横向、纵向、垂直方向上的飞行间隔进行调整的工作。按调配时机不同，分为预先调配、飞行前调配和飞行中调配。这三种类型的飞行调配贯穿于航空管制活动的始终，对保障飞行安全起着决定性作用。通常，程序管制以预先调配为主，雷达管制以飞行中调配为主。

预先调配是飞行调配的基础。《中国人民解放军空军飞行管制工作条例》指出，飞行调配通常以预先调配为主。它是根据飞行申请，预先对互有影响的飞行所进行的调配。预先调配通常在飞行前一天完成，并应制订出预先调配方案。实施预先调配通常有四个步骤：一是标绘调配图。按照一个机场用同一种颜色的彩笔，逐个标出本管制区域内各机场、空域、作业区，绘出飞行航线，并用箭头标示出各航线的飞行方向；二是识别冲突点。由简到繁，一批一批地进行，先从一个机场的某一条航线开始，从垂直间隔和水平间隔两个方面，分别检查与该航线相交或相邻机场的航线、空域之间是否符合规定的安全间隔标准，如果不符合，则两批飞行之间有飞行冲突；三是制

△ 繁忙的国际机场

订调配方案。首先统一各批飞行申请的飞行高度基准面，确定各批飞行计划的安全高度，然后按照"安全可靠、安排合理、尽少变动"的原则，采取先调整飞行高度和水平间隔，后调整飞行时间的方法，逐个解决各飞行冲突；四是批复飞行申请。预先调配方案完成后，及时通报相关飞行单位，并讲清楚调配方案及理由，确保各飞行单位正确领会、严格落实。

飞行前调配是根据天气变化和飞行计划变更情况，在飞行前对预先调配进行修改和补充。飞行前调配重点解决在预先调配阶段没有解决的问题或飞行矛盾。实施飞行前调配应注意根据飞行任务、航空器性能等情况，妥善安排航空器的起飞顺序，控制好起飞的时间间隔，尽量减少等待和延误。对执行紧急或者重要任务的航空器、班期飞行或者转场飞行的航空器、速度大的航空器，应当允许优先起飞；对个别不能按照规定时间起飞的航空器和临时增加的一般任务飞行，应安排在其他飞行的间隙起飞，尽可能不打乱整个飞行计划和起飞安排。

飞行中调配是在飞行实施过程中，对新出现的飞行冲突进行调配。飞行中调配，可及时解决航空活动中的实时飞行冲突，保证飞行安全和飞行任务的顺利完成。实施飞行中调配应根据飞行任务、航空器性能等情况，妥善安排航空器的降落顺序，尽量减少航空器在空中的等待时间。对有故障的航空器、剩余油量少的航空器、执行紧急或者重要任务的航空器、班期飞行和航路航线飞行或者转场飞行的航空器，应当允许优先降落；对个别不能按照规定时间降落的一般任务飞行，应安排在其他飞行的间隙降落，尽可能不打乱整个机场的飞行秩序；当机场上既有起飞航空器，又有降落航空器时，应妥善安排好航空器的起、降顺序，控制好起、降的时间间隔，防止危及飞行安全。

四、飞行调配方法

飞行调配的基本方法有垂直间隔调配、横向间隔调配和纵向间隔调配。管制员应当依据有关规定和飞行任务性质、航空器性能、飞行人员的技术水平、飞行区域的天气及地形等，正确选择调配的方法。垂直间隔调配，是将航空器配备在不同的飞行高度层上飞行，使航空器与地面障碍物之间有规定的安全高度，航空器与航空器之间有规定的垂直间隔；纵向间隔调配，是安排航空器在某一特定的时间起飞、降落、到达或离开某个地标点，使同高度、同航线的航空器之间有安全的纵向间隔；横向间隔调配，是用调整飞行航线、飞行空域的方法，使各种飞行的航线与航线、航线与空域、空域与空域之间有安全的横向间隔。

上述三种方法都是基于管制员的认知和能力的飞行调配方法。虽然人是航空管制活动中最具能动性的因素，但不可否认，人是会犯错误的，飞行调配过程中，由于管制员的"错、忘、漏"造成的调配飞行冲突失效，导致航空器发生飞行冲突或者空中危险接近的事故时有发生。一种不依赖于管制员，飞行冲突自行解决的空中交通警戒与防相撞系统（TCAS）便应运而生。TCAS系统为航空器预先设定了逻辑性的保护空间，当航空器之间的距离和垂直间隔不足时，系统会发出冲突告警（TA），并在相关航空器继续接近的情况下发出具体的垂直机动指令（RA），提醒飞行员自行采取规避措施。

太空有哪些资源可以利用

人类对资源利用的最主要形式是提取能量，维持人类生活和科学技术的不断发展。为此，旨在开发太空轨道资源的形形色色的航天器竞相升空。例如，通信卫星就是把原来在地面的无线电中继站搬到卫星上，从而大大提高了信号的覆盖面积、传输距离、通信质量和抗破坏性，减少了费用，使通信技术发生了质的飞跃。遥感卫星相当于空间观察平台，具有观测范围广、观测次数多、时效快、连续性好等优点，对气象预报、陆地与海洋资源开发起到了巨大推动作用。导航卫星设在太空的基准点，能克服地面无线电导航台信号传播距离有限等一系列缺点，是目前最先进的导航技术。

在太空"制高点"上不仅可以俯视地面，还能遥望星空。在那里进行天文观测可以不受大气层影响，从而使全波段天文观测变得轻而易举。天文卫星、空间站就是最理想的天文台。

除轨道外，太空中还有以下资源有待开发和利用。

一、太空的微重力。这是一种宝贵资源，利用这种资源可以进行地面上难以实施的新材料加工和药物制取等科学实验。在微重力条件下，由于无浮力，液滴较之在地面上更容易悬浮，冶炼金属时可以不使用容器，即采用悬浮冶炼，因而能使冶炼温度不受容器耐温能力的限制，进行极高熔点金属的冶炼，避免容器壁的污染和非均匀成核结晶，从而有助于提高金属的强度。微重力条件下，气体和熔体的热对流消失，不同比重物质的分层和沉积消失，这有利于生产极纯的化学物质、生物制剂、特效药品，以及均匀的金属基质复合材料、玻璃和陶瓷等。

二、太空旅游观光资源。美、日等国已在筹建太空饭店，如果发展顺利，进入太空观赏宇宙美景，回头观望人类的摇篮——地球的日子就不会很远了。在月球上发现冰冻水以后，已有人设想在月球上建造度假宾馆，到时

飞跃神秘的外太空

△ 月壤里含有丰富的氦-3

还可欣赏月球景色。

三、太阳能资源。目前航天器上的太阳能发电只供航天器本身使用。一些国家正计划建造太阳能发电卫星，即太空电站。它可以将太阳的光能转变成大功率的电能，再把电能用微波或激光发回地面供用户使用。利用太阳能的另一种形式是建造人造小月亮和人造小太阳，为城市和野外作业提供照明，从而增加高寒地区的无霜期，保证农业丰产丰收。

四、月球资源。月球上有丰富的氧、硅、钛、锰和铝等元素，还有地球上稀缺的、"清洁"的核发电材料氦－3。而且月球上无大气影响，加上长长的黑夜和低温等许多有利的环境条件，所有这些都表明月球是理想的科学研究和天文观测基地。

五、小行星和彗星上的资源。金属型小行星上有丰富的铁、镍、铜等金属，有的还有金、铂等贵金属和珍贵的稀土元素。彗星上有丰富的水冰。这些资源和月球上的资源既可以用于建设航天港和太空城，也可以供地球上使用。

什么是太空开发

通过载人航天的实践，人们逐渐认识到，太空蕴含的资源潜能，可以为人类提供许多发展机会，包括工程技术试验、军事应用、对地观测、材料加工、生物技术、太空医学和生命科学，以及失重科学等许多领域。

工程技术试验的目的是为未来的载人航天和其他太空技术活动做准备，进行先期技术验证。例如，为适应太空环境而开展的新材料研究，用于未来太空生命保障系统的全再生式生命保障技术研究，利用光能推进的光帆技术、利用太阳能为地面供电的太阳能电站技术等，都是一些需要在太空进行实地实验验证、是发展航天技术所必需的超前性的基础研究工作。

在未来高技术条件下，无论是和平时期还是战争时期，国家的安全都将由陆、海、空、天四维空域的军事能力提供保障。其中，太空是最能发挥高技术军事能力的领域。探索和开发太空的军事作用，包括军人在太空的作用，是未来太空军事能力的重要体现。为此，世界航天大国，特别是美俄两国，都在载人航天的探索试验中融入了大量的军事航天试验项目和内容。

太空对地观测是一项综合性很强的高技术，在有人参与的情况下，可将观测技术、数据传输、意外情况处理等综合为一个有机整体。通过定量化的信息融和处理，可形成全新的观测能力，这样会更加适合于观测动态变化的目标和对目标进行长期连续观测。

利用载人航天器对太空环境、天体物理和太空天文进行观测，因有人操作，可变换观测角度突出重点，并具有边观测边分析的能力。

材料加工，是太空资源利用最有潜力的方面，主要是利用失重和高真空环境，揭示被重力所掩盖的各种真实现象和材料物理现象的本质，寻求消除地面制备材料中缺陷的方法，提高地面制备材料的质量，进行新材料、新工艺研究，并对具有战略意义的功能材料进行太空生产技术试验。

飞跃神秘的外太空

电子材料在计算机、医疗仪器、能源系统和通信系统中扮演着重要角色，半导体是电子材料中最重要的基础性材料，也是失重材料科学研究的主要内容。电子材料的性质直接取决于材料结晶和化学的完美程度，极少量杂质的存在会严重影响某些电子材料的性能。在地面，重力作用在生长的晶体上，引起拉伸、压扁或弯曲，在晶体内产生应力和变形，从而产生错位。因热流导致的对流旋涡，也将使晶体产生变形，而容器也会使晶体产生杂质。在太空，重力引起的不利现象全部消失，晶体可以在蒸气介质中于悬浮状态下生长，因而晶体个体大、位错密度小、无应力、纯度高。

砷化镓是目前用途最广泛、又是制造集成电路最理想的半导体材料，美国一家公司仅1990年就在太空生产了40公斤优质砷化镓，每千克价值达100万美元。如果在地面上生产：一方面投资巨大；另一方面受重力影响，生产的砷化镓杂质多、质量差。曾两次长期在空间站工作的俄罗斯太空人柳明，一个人就制取了砷化镓半导体材料样品69枚。

光学材料的质量，极大的影响着光学仪器和光电技术的发展水平。无容器的熔炼和无对流的凝固条件，可以制取高质量的特种玻璃。这种玻璃的组分和特种添加剂的分布十分均匀，无气泡、无条纹、无杂质、各向同性，是制造光导纤维和高级光学玻璃制品的优良材料，其光学性质可接近理论值。在太空，可以生产极细的、长度几乎不受限侧的高级光导纤维。

利用太空的超低温，可以使熔融金属迅速冷却，使正常移动的原子和分子来不及完成它们的有序排列，可以生产出像玻璃一样的非晶态金属。这种玻璃金属具有独特的性能，它的强度可比超高强度钢高出1倍，它的硬度、韧性、抗腐蚀能力和磁学特性等性能等都相当好。

陶瓷是无机非金属材料，能够耐特别高的温度，有广泛的应用前途。如果喷气飞机的发动机涡轮叶片能够使用陶瓷材料制作，热力学和燃料效率将会有相当大的提高，会使航空业引发一场革命性的变化。问题是金属在断裂之前先屈服，而陶瓷一旦断裂，造成的后果将是灾难性的。陶瓷失重研究的重要内容是，在材料裂纹的产生过程，期望从中获得能够控制陶瓷加工过程以便得到最好的陶瓷，防止导致灾难性故障缺陷的出现。这种知识可应用于生成高强度、耐磨损、能够用于涡轮发动机的结晶陶瓷。生产生物陶瓷人造

△ 太空开发

骨骼、关节和牙齿也是太空的重要应用领域。

加工工艺试验研究，在太空已经出现了许多在地面不可能进行的加工工艺。例如：利用熔融金属的表面张力使液体表面积趋于最小的特性，在无容器制造的情况下可以制成极圆的滚珠，其圆度比地面上最精密加工的至少要高3个数量级。借助向熔融金属中注入气体的方法，可以制造在地面上无法制造的无缝空心滚珠，这种滚珠壁厚异常均匀，各向性能一致性极好。用这种滚珠制成的轴承精度高，使用寿命比实心滚珠轴承高4倍至7倍。

总之，通过载人航天的实践，已为人类的太空开发展现出多种多样的应用领域和美好的前景，太空期待着人类的投入和开发。

飞跃神秘的外太空

太空生物学研究什么内容

太空生物学，主要研究重力与辐射对各种生命现象和过程的作用。其中，重力生物学主要揭示重力对地球生命系统的多重作用，重点研究重力对动物和植物的细胞结构、功能、生长发育、繁殖和遗传变异等方面影响。生物工艺学研究则集中于

△ 太空试验

蛋白质晶体生长、哺乳动物细胞和组织培养、基本生物工艺学等重要领域。

植物种子的变异筛选和新种的发现，是提高农作物产量的关键。将植物种子带到太空，在太空进行多种实验后带回地面，经过几代繁殖、观察、寻找新的有益的突变类型，从而培养粮食、蔬菜、果树和其他农作物新品种。科学家还研究了减少植物生长周期的方法，在实验中，使大豆的生长周期从平均110天缩短到平均65天。

太空生物工程和制药孕育着极为诱人的发展前景，用太空分离技术提取药物，可获得地面难以达到的高纯度和高效率，蛋白质晶体、大分子结构等都是在地面上难以获得深入认识的领域，利用太空研究可获得对它们的构成机理的认识，用以指导地面药物制备。

太空生命科学和医学研究什么内容

太空生命科学主要揭示太空环境对重要生命现象及生命过程的作用与影响,从而增进对生命起源、生命现象和本质以及生命活动基本规律的认识,为发展地基生物技术提供理论依据,并为改善人长期在太空生活的质量提供依据。

太空医学,主要研究人在太空的生存、机体的变化和人的适应性,也包括对生命支持系统的研究。主要研究内容有对失重环境的适应性,失重对人体血液系统的影响,失重对人体免疫力的影响,失重对人体前庭功能的影响,失重对人体代谢功能的影响,失重对人体循环系统的影响等情况。

△ 太空生命科学是人类在太空生活的重要保障

飞跃神秘的外太空

太空太阳能工程的发展情况如何

开发太阳能发电卫星，或者空间太阳能发电，是1968年由美国工程师格拉塞首先提出的一种大胆的设想。其基本构想是在地球外层空间建立太阳能发电卫星基地，利用取之不尽的太阳能来发电，然后通过微波或激光将电能传输到地面的接收装置，再将所接收的微波或激光能束转变成电能供人类使用。

设想中的空间太阳能发电系统基本上由三部分组成：太阳能发电装置、空间微波或激光转换发射装置和地面接收转换装置。太阳能发电装置将太阳能转换为电能；空间转换装置将电能转换成微波或激光，并利用天线向地面发送能束；地面接收转换系统通过天线接收空间发来的能束，将其转换成电能。整个过程是一个太阳能、电能、微波或激光、电能的能量转变过程。为了提高能束传输效率，目前拟使用微波送电，将来也可能使用激光。

自20世纪80年代以来，空间太阳能发电系统的工作受到了国际上的广泛重视。技术实力雄厚的美国和能源资源短缺的日本，大力开展了卫星发电的各项工作，德国、俄罗斯等国家也投入了相当大的研究力量。

美国在1977～1980年，先后投入2000万美元对卫星发电计划进行了概念研究并得出结论：实施卫星发电计划不存在不可克服的技术困难。由于该系统过于庞大，需要约3000亿美元的巨额投资，1980年后中止了卫星发电计划有组织的研究，但是与卫星发电相关的些研究工作仍在进行中。

1995年，美国又重新重视这一问题的研究，并成立了专门的研究组。此次研究，更加侧重全面、细致、科学地分析经济和技术的可行性，在方案上也有很大不同。以世界能源的储备、需求及能源技术的发展为背景，在分析了21世纪的能源构成和电力价格后，研究组得出的结论是：

首先，全球对电力的需求大于对其他能源的需求，尤其是占全球人口

80％以上的发展中国家。随着经济的发展，电力的需求会越来越大，所以电力市场的前景十分看好。据分析，如果每颗太阳能电站卫星的发电量按5千兆瓦计算，而且卫星能很快造出来的话，那么仅印度就需要75颗这样的卫星。

其次，考虑到核聚变技术研究的现状和发展速度以及现行能源的使用对环境的影响，在21世纪，空间太阳能发电将是人类唯一可行的大规模生产电能的技术。

据研究组的估计，在2010年以后，空间太阳能发电将实用化。研究组建议：应当恢复对空间太阳能发电系统的研究。同时，还提出了六种较为可行的方案，如光伏电池发电的太阳塔；地球同步轨道发电，通过中轨道或低轨道中继卫星输电等。

由于卫星发电方案具有商业价值，可得到工业界的支持，因而国际上越来越重视卫星发电计划的发展。1995年夏季，来自16个国家的国际航天界知名人士在国际空间大学进行了题为"2020年发展远景"的研究，并提出了四项基本计划，其中一项是发展太阳能发电卫星系统，并预计2010—2020年太阳能发电卫星开始进入实用阶段。

航天产业有什么样的前景

人类大力开发太空必将带来极其有利的经济影响，这是无庸置疑的。有些影响在近期内会改变人类社会的经济面貌，主要体现在可以刺激向工业领域高技术部门投资以及对经济增长信心的普遍提高。已经做过预测，大力开发空间的结果，仅仅美国在近期内就可以增加20万人的就业机会。长期影响取决于工业化应用的速度以及空间活动带来的技术扩散的程度。

直接应用于太空资源于经济的例子是各类实用卫星开发出的经济效益。空间通信的营业额，单美国每年就高达数十亿美元。

随着航天技术的进一步发展和太空产业的开发，卫星已经或正在从政府投资的科学研究阶段转入以盈利为目的商业活动。遥感卫星，包括地球资源卫星、气象卫星以及海洋监视卫星等，其经济效益更为明显。早在1972年，美国发射第一颗地球资源卫星之前，就有人对卫星可能获得的经济效益进行过分析。分析表明，这颗卫星可以为美国获得14亿美元的经济效益。卫星发射之后又进行经济估算，认为每年从遥感卫星上获取的资料，仅农业和林业两项就可以节省30亿美元之巨。这是由于使作物损失减少，确定最佳收获期，及时探测森林病虫害，探测森林火灾等所致。其中仅四项应用，每年效益就达10亿美元。美国通过卫星对外国农作物进行估产，以掌握国际市场上的价格，由此每年可获利3亿美元，仅小麦一项每年可达2亿美元。据估计，进入本世纪，美国航天产业的产值要占美国总产值的四分之一。

俄罗斯从太空遥感技术中也获得了明显的效益。利用资源卫星照片为国家资源开发建设服务，通过对空间资源的研究，每投资1卢布能获12～17卢布的收益。据俄罗斯有关部门对利用卫星编制航天地质图的经济效果进行测算表明，仅区域性地质研究规划一项，年度经济效益达3600万卢布。在寻找石油和天然气方面，俄罗斯利用遥感卫星，可取得经济效益超过1亿卢布。俄罗

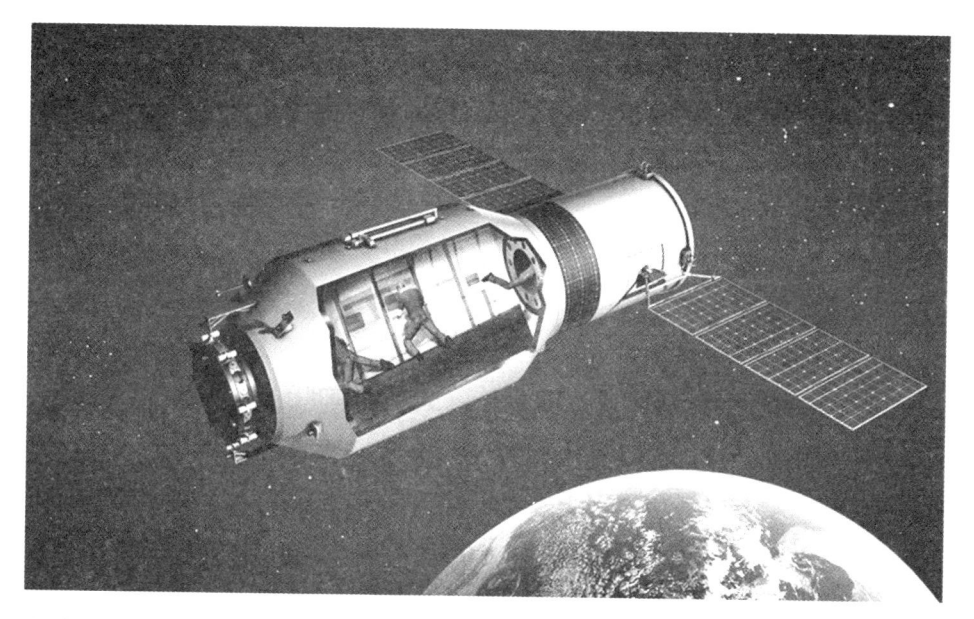

斯利用"礼炮—4号"绕地球拍照，扩大使用有关地球的空间照片，提高空间研究的经济效果。据专家估计，"礼炮—4号"绕地球飞行的两个月时间，仅宇航员拍照一项就获得8000万美元的经济效益。1983年，"礼炮—7号"用光谱相机拍照2200张照片，用大地地形绘图仪拍摄近1000张照片。这些照片分别用于不同领域，单就地质和资源勘察方面，在一年内取得经济效益就达4000万卢布。

气象卫星的收益也很可观。美国首次使用静止轨道气象卫星仅拍摄照片一项，就为美国政府机构至少节约1.72亿美元经费。使用卫星对地区性或全球进行天气预报，节约资金即高达10亿美元之巨。俄罗斯利用卫星探测，进行天气预报每年可收益8～10亿美元。

在海洋上，美国到2000年，利用遥感卫星已从海洋中获利约4000亿美元。加拿大用卫星为北冰洋船队寻找通行航道，使船队增加作业距离，每年经济效益可达400万美元。

在能源方面，到2000年将获得500～1000亿美元的收益。航天产业是集多学科、高精尖技术为一体的综合性产业，直接利用空间资源获得的经济效益远不止上述几项，据国际航天商业委员会预测，到2010年，全球航天产业来自商业服务和政府计划的总收入将超过1580亿美元。

飞跃神秘的外太空

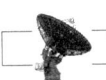

航天信息产业前景如何

　　航天信息产业，广而言之包括通信、气象、地球资源、海洋观测、导航定位等卫星遥感技术、空间数据传输，以及地面数据接收、处理和分发等信息资源利用的产业。其中，利用低地球轨道和同步轨道传播信息，实施通讯联络和地球资源遥感探测，早已波及全球。

　　目前，使用同一颗卫星，每个用户通过不同的地面站就可以给多种行业和政府用户提供多种目的服务，包括声、像信息传送和数据信息传输等。卫星系统与有线电视系统配合使用，还能够扩大这两个系统的多种技术能力，进而形成现代跨地区、跨洲际的国际互联网体系。这表明，通信卫星是高效率的情报工具和公众舆论的传播媒介。它的传输质量不受距离影响，因而受到远距离的边远山乡、人烟稀少地区用户的特别欢迎。

　　太空信息业提供的服务，将改变人类的生活方式。例如，利用太空信息传递可以召开电视会议、电子邮政、数据通信等服务项目，彻底改变了人类业务活动的方式、方法。互动式电视服务业，将导致无纸化办公，使用卫星直播电视系统可培训人员。人们可以到邻近的工作中心去上班，许多商务和金融事业单位的职工可以在家中办公，医疗诊断程序将在病人家中完成，这就是现代信息高速公路和电子商务的神奇魅力。

　　预计，太空信息业的服务项目将继续扩大，特别是电子结算和资金转账、远距离信息处理、可视电视会议、保健、教学以及其他通信等服务领域，将获得进一步的发展并在应用中获益。

　　正是由于卫星加速了信息的采集，提高了信息传递速度，扩大了信息传递的范围，对国民经济有重大影响，所以世界各国都致力发展航天信息业，建立以实用卫星为主要平台的天地一体化天基信息系统。据预测，在未来的十年中，人们对信息的需求将发生爆炸性的膨胀。届时，人们许多传统的观念将被这急剧增长的信息所打破：通过卫星，人们可以在家中阅读世界上最大图书馆的藏书，可以听世界最著名的教授讲课，开学术讨论会。通过卫星，即使在一家普通医院就诊的疑难病人，也可以接受全国或更大范围里的医学权威的会诊。甚至可使人的工作方式、生活方式都发生了重大变革。由此不难得出结论：利用航天技术开发的太空资源，是未来信息社会赖以存在的基础。

1965年4月6日，美国成功地发射了世界上第一颗半实用、半试验的静止轨道通信卫星——"国际通信卫星"1号，正式为北美和欧洲之间提供通信业务，它是通信卫星进入实用阶段的标志。国际通信卫星组织经营着世界商用通信卫星系列，这个组织于1971年创立，拥有并管理一个全球性的卫星系统，提供全球大多数国际电话、录像、数据、互联网以及其他通讯的信号传输服务。到2000年，它是一个已拥有143个国家会员的政府间卫星组织。

从1965年4月至1984年3月，国际通信卫星组织先后发射了5代、6种不同性能的卫星共计35颗，除6颗卫星因运载火箭和远地点发动机故障而发射失败外，其余29颗卫星均被送到了预定的静止轨道位置。1984年8月前后，国际通信卫星组织利用部署在大西洋、太平洋、印度洋上空的15颗"国际通信卫星"，为遍布世界各地170多个国家或地区提供电话、电传、电报、电视和数据传输等电信业务；出租卫星通信转发器信道，为部分国家建立国内卫星通信线路；还为世界各国船只提供了部分海上移动通信服务。为满足国际通信的需求，国际通信卫星组织还发射了3颗等效通信容量为15000话路的"国际通信卫星"V—A号改进型卫星。更大、更先进的第6代系列"国际通信卫星"Ⅵ号正在研制之中。

作为一个政府间的组织，国际通讯卫星组织不受任何国家的约束。它在美国特拉华州成立了独资通讯卫星公司（Intelsat LLC）。2000年，美国洛克希德-马丁公司斥资20亿美元收购通讯卫星公司，宣布成为国际通讯卫星组织的最大股东。通过民营化，国际通讯卫星组织将逐步把它的卫星全部移交给通讯卫星公司。

目前，国际通讯卫星公司拥有53颗卫星，为世界上220多个国家和地区提供服务。

飞跃神秘的外太空

GPS是现代航天技术实现军民两用的成功范例。目前，GPS已演变为一种世界性的高新技术产业。其应用领域之广，大到海陆空天、小至单一的个人几乎无所不包。

1973年，美国国防部制订GPS计划，率先将GPS技术应用于军事研究，在随后的海湾战争中，GPS技术发挥了巨大威力。自此，卫星导航技术受到世界各国的广泛注意。由于卫星导航技术应用领域极其广阔，能有效地改造和提升传统产业结构，与通信技术、互联网技术相互融合将产生巨大的社会效益和经济效益，有理由相信，GPS在世界民用领域的应用将迅速发展，市场前景异常广阔。在GPS应用领域，以车辆跟踪系统和车辆导航为主的车辆应用所占比重最大，约为总数的500％。2003年，以GPS为代表的卫星导航产业全球产值超过200亿美元。有关资料表明：在日本，2002年汽车智能导航产品的新车安装率达到500％；在欧洲，2002年汽车智能导航产品的销售量为200万台；在美国，预计2005年汽车智能导航产品的年销售量将超过150万台。这种良好的发展前景是与GPS应用市场的逐步成熟密切相关的。

当今，卫星导航技术已从满足军事和政治需要发展到广泛地服务于国民经济和社会发展的各个领域，卫星导航应用产业已成为国际八大无线产业之一，也是全球信息产业中发展最快的蜂窝网、因特网和卫星导航三大领域之一，正是由于这个产业十分诱人的市场前景，继美国、俄罗斯之后，欧盟已正式开始建设伽利略卫星导航系统，我国也参与了该系统的建设工作。同时，从2003全球卫星产业910亿美元的销售收入来看，卫星制造业占11％，发射服务业占4％，运营服务、应用设备制造业占了85％，可见卫星应用系统商业与社会价值之大。

太空能源产业前景如何

卫星太阳能电站是设在地球同步轨道上的一颗地球同步卫星。生活在地球上的人，很难看到真正的阳光充沛的场面，何况地球上日照时间只占全天24小时的一小部分。但同步卫星则不同，一年之中有275天全天24小时日照不断。尽管还有90天出现被地球挡住阳光的机会，但一天之内最多不过72分钟，由此可见卫星太阳能电站效率要比地面电站高得多。

设计中的卫星太阳能电站像一座在宇宙空间浮动的岛屿，在耀眼的阳光下不分昼夜地连续工作，可以为地球居民提供巨大的能源，而对地球没有任何损害和污染，这种电站是何等的理想啊！一个卫星电站所用太阳电池板的面积将达100平方千米以上，所以产生的电能也是相当惊人的。初步估计可达200万至2000万千瓦，地球上最大的水力发电站，中国长江三峡水力发电站也无法和它相比。

要把这么多的电能从几万千米的高空传输到地面，采用电缆是无论如何也行不通的。唯一的办法是使用微波传输。整个系统的效率为56％到650％。微波传输系统的核心是几十万个特高频功率管组成的发射天线，它可以把高压直流电转换成微波能，对准地面接收天线发射，像雷达天线发射电波一样。发射微波的最佳频率为2千至4千兆赫，相当于波长7.5至15厘米。这样，在宇宙空间和地面之间建立起一条看不见的巨型电缆。在地球一端，地面接收天线阵是一群蜂窝式排列的建筑物，由背衬金属网的半波偶极子组成，能捕获微波能量，经固体二极管整流，接入高压直流电网，供给用户。地面接收天线阵分布在直径14千米的椭圆区内，面积也为100平方千米，蔚为壮观。

卫星太阳能电站是一个庞然大物，总重在10万吨以上，空间作业人员数百人。如何将如此大的结构，如此多的人员，还有如此多的物资运送到宇宙空间去，是卫星电站能否实现的关键问题。现有的计划都是先将材料和人员

飞跃神秘的外太空

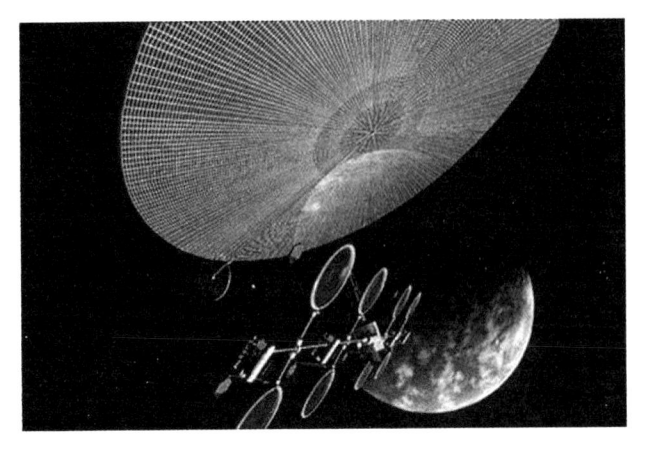

△ 太空太阳能发电站

运送到距地面数百千米的低轨道上去，然后再转运到高空的地球同步轨道上。

现有低轨道安装和高轨道安装两种方案。低轨道安装方案计划建造一座输出功率为1000万千瓦的装置，太阳电池板的面积21千米×5千米。两端各有一个外伸的发射天线，直径约1千米，全部重量103吨。主要结构用复合材料制造。太阳能电池板为硅和镓，整个结构分为八块，在距地球几百千米的低轨道上安装，然后分别转移到同步轨道去完成总体安装工作。

高轨安装方案计划在地球同步轨道上进行全部安装工作。不管是高轨安装方案还是低轨安装方案，都需要先把物资运往低轨道。早期设想低轨运载工具是单级火箭或航天飞机，运载量为70至200吨。现在认为使用二级重型航天货机比较合适，起飞重量为11000吨，载重量4000至4500吨。未来在太空进行太阳能发电，将成为人类获取能源的重要手段。有人估计，如果在地球同步轨道上，每隔20千米左右放置一颗1000万千瓦的太阳能电站，形成一个链状电站群，这样所获得的太阳辐射功率，可相当于全世界1980年所需电量的2000倍。在21世纪中末期，世界上至少有100座太阳能电站卫星，所发出的电量将占地球总发电量的40%。由于太空轨道上能源充足，成本低廉，美国已把它列入"高边疆"计划的重要项目加以开发。

太空旅游的商业化前景如何

太空旅游的魅力何在呢？尽管迄今为止已有800多人上过太空，但太空对绝大多数人来说依然是一个高深莫测、可望而不可即的地方。太空航行无论在速度、距离及对个人的挑战方面都是飞车、航海、航空等活动所无法比拟的。起飞过程中的加速度过载、发动机工作的震颤和轰鸣及返回大气层时好似身处流星般灼热燃烧的境地，均是要面临着挑战，也是一种难得的刺激。尤其是轨道飞行时飘飘若仙的失重状态，与人类长期引力下生活的感觉截然不同。敢于应对这一挑战、追求这一刺激者大有人在。而在大气层外眺望奇异诡秘的星空、蓝色的地球以及美丽绝伦的日出日落景象，更是在地面上不能企及的。人类这种固有的勇于开拓和探索新奇的精神是人类文明不断推进的永恒动力，无疑也是太空旅游产业启动和发展的动力。

美国富翁蒂托遨游太空8天之后，世界上就涌起了一股太空旅游的热潮。正如他自己所说："我的行动肯定会引起公众对太空游的极大兴趣，我希望自己能为普通百姓打开一道飞往太空的大门。"

面对巨大商机，各航天大国自然不会轻易错过。近年来，国外已有多家公司描绘着未来太空旅游的蓝图，考虑在今后20年内筹划建造亚轨道飞行器、轨道旅馆以及地月游船等。

无论如何，乘坐运载火箭踏上空间站旅游，决不是大多数人追求的目标。那么，能不能找到一种适合于大多数人体验太空感受的商用途径呢？

目前，民用航天的景况和发展态势，同20世纪20年代末的民用航空事业的情况极为相近，都处于萌芽阶段。20世纪初，为了推动商业航空运输产业的发展，西方工业化国家推出了一系列大奖，其中最著名的是"奥泰格奖"。1927年，美国人林白驾驶着"圣路易斯精神号"飞机飞越大西洋，赢得了25000美元的"奥泰格奖"。这些航空大奖对当时刚刚起步的私营航空产

71

业的发展起到了巨大的推动作用。受到历史的启发，出于激励人们探寻开发民用航天新途径的愿望，美国圣路易斯X奖金基金会于1996年设立了一项名为"安萨里X奖"，要求：一是船上要有飞行员和两名乘客（或相当于两人的配重）；二是在首次成功进行亚轨道飞行之后的两周内，必须再次成功进入亚轨道空间。显然，这些条件是未来太空旅游的必备要求。

"安萨里X奖"的发布，引来了许多有实力的私人企业跃跃欲试。除了美国比例复合材料公司设计的"太空船一号"外，还有来自美国、加拿大等国家的其他二十多个团队参与。

2004年9月29日上午7时12分，悬挂在"白色骑士"号喷气式飞机肚皮底下的"太空船一号"飞行器从一座机场腾空而起。当飞行高度上升到1.4万米至1.5万米时，试飞员按计划按下点火按钮，"太空船一号"自带的火箭发动机随即启动。飞行器与"骑士"自行分离，并以基本与地面垂直的角度向大气层飞去。而后，飞行器依靠自身动力助推了大约80秒钟，在这一阶段保持失重状态，当速度达到3马赫时发动机自动关闭。此后，这架飞行器借助于惯性继续向大气层攀升，继而飞出大气层，飞向预定相距地面100千米的高度。"太空船一号"离地88分钟后，于当地时间8时34分安全降落在起飞机场。太空船停稳后，试飞员站在了这个"飞行小怪物"的顶部，高举双手，竖起拇指。在地面观看的数千名观众，迸发出欢呼声。

尽管参与"安萨里X奖"的竞争者绝大多数团队没有得奖，但是这些参赛团队有望成为未来私营航天产业的领军者。

火箭的原理

火箭是将航天器（包括人造卫星、宇宙飞船、航天飞机、空间站、太空星际探测器等载荷物）送入地球大气层之外的太空空间或外星的必备工具，是人类摆脱地球引力而进入太空世界的桥梁，因此我们又可以称火箭为"飞天之箭"或"航天之桥"。

运载火箭的工作原理就是中国古代发现的"穿天猴"原理，利用火药燃烧向后的喷力所形成的反作用力使箭体向前飞行。用于现代航天的火箭具有自带燃料和氧气的发动机，既能在大气层内点火，又可在宇宙太空中点火工作。点火后燃烧所产生的炽热气流从喷口喷出，产生强大的推力而将航天器（宇宙飞船、航天飞机或卫星等）直接送入太空。

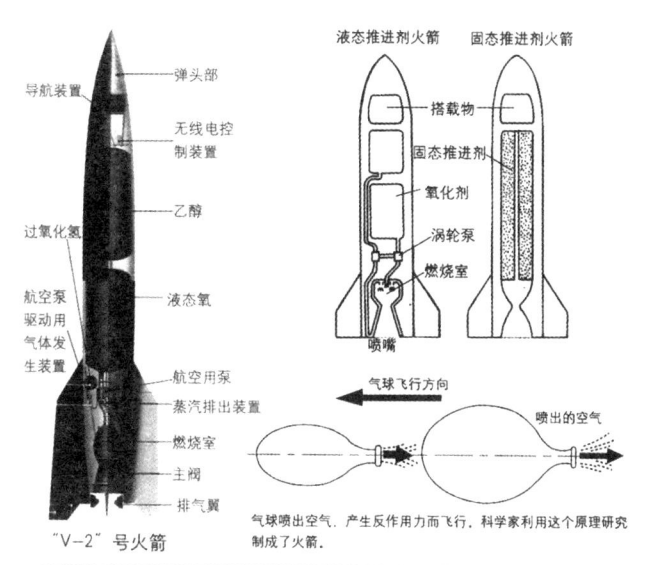

液态与固态推进剂	
推进剂	燃烧特点
固态推进剂	从底层向顶层或从内层向外层快速燃烧。
液态推进剂	用高压气体对燃烧剂与氧化剂贮箱增压，然后用涡轮泵将燃烧剂与氧化剂输进燃烧室。

△ 火箭的原理

飞跃神秘的外太空

什么是液体燃料火箭

液体燃料火箭采用液态氢和液态氧（助燃剂）等液体燃料。这种燃料的燃烧值较高，主要用于大功率航天运载火箭。发射阿波罗号系列飞船的土星5号、俄罗斯的质子号、中国的长征系列中的部分火箭等，使用的都是低温高能液体燃料。这种液体燃料火箭的缺点是必须保持液氢和液氧超低温下的液态状（一般要达到－180℃以下，如液氢为-253℃、液氧为-183℃），这对存贮和使用技术都提出了非常严格要求。此外，液体燃料都是在运载火箭发射前进行灌装，工序比较麻烦，不像固体燃料火箭那样方便，这对运输、灌装、使用等都有较高的技术要求。但液体燃料是不污染环境的"绿色"能源，燃烧后的废气是水蒸气，这是液体燃料的一个优点。固体燃料不是"绿色"能源，燃烧后的产物是一种污染环境的废气，这是固体燃料火箭与液体燃料火箭对环境影响的主要区别。

△ 加注液体燃料的火箭

液体燃料火箭也有使用非液氢、液氧等常温燃烧剂和氧化剂的，如燃烧剂用煤油、酒精、偏二甲肼等，氧化剂用过氧化氢、硝酸、四氧化二氮等。

什么是固体燃料火箭

使用固体燃料的火箭多为小型和小功率火箭，多用于导弹上，有时固体燃料也用于发射小型卫星的火箭上或航天飞机上。固体燃料的优点是使用方便、便于运输和存贮、成本低等特点。

燃烧剂和氧化剂合起来称推进剂。固体燃料实际上是采用燃烧值较高的火药再加上一定的添加剂，燃烧值

△ 固体燃料火箭有更好的机动性

大大高于TNT炸药。使用固体燃料时，关键技术是如何制作固体燃料的固化形状、凹孔，如何实现喷火口的活动性及控制。通过控制喷火口的角度达到控制推力角度，实现前端导弹火箭的飞行方向及速度的控制。固体燃料性能较低，多用于作为导弹的推进剂。固体燃料火箭被广泛地用于小功率及近距离飞行的导弹技术上。此外，航天飞机在飞出地球大气层之外，在太空中飞行时也使用外挂的固体火箭助推器。

飞跃神秘的外太空

什么是电火箭

电火箭是利用电火箭发动机推进的火箭。电火箭发动机是一种用电能加速工质形成高速射流而产生推力的火箭发动机，由电源、电源交换器、电源调节器、工质供应系统和电推力器等组成。

电源和电源交换器供给电能；电源调节器按预定程序启动发动机，并不断调整电推力器的各种参数，使发动机始终处于规定的工作状态；工质供应系统贮存和输送工质；电推力器将电能转变成工质的动能，使其高速喷出产生推力。

△ 电火箭发动机

电火箭发动机按工质加速方式，可分为电热火箭发动机、静电火箭发动机、电磁火箭发动机。电火箭发动机与化学火箭发动机不同，能源和工质是分开的。电能由飞行器提供，一般由太阳能、核能和化学能经转换装置得到。工质常用氢、氮、氩和碱金属（汞、铯、锂等）的蒸气等。电火箭发动机比冲高、寿命长，但推力小于100牛，适用于航天器的姿态控制、位置保持和星际航行。

不同推力火箭是如何分类的

火箭按其推力大小分类，则有小型火箭、中型火箭、大型火箭和重型火箭之分。对于具有一定推力的火箭，载荷大小是与被发射物要进入哪一类轨道有关。发射的轨道越高，火箭载荷量越小；反之，轨道越低，载荷量越大。

△ 前苏联"质子"号运载火箭

重型火箭：推力大于5吨的火箭称为重型火箭。如阿里亚娜5号（欧）、能源号（俄）、质子号（俄）、天顶号（乌克兰）、大力神3（美）、大力神4（美）、长征2E（中）等。

大型火箭：推力2～5吨的火箭称为大型火箭。如阿里亚娜4号（欧）、宇宙神2A（美）、宇宙神2AR（美）、德尔塔3（美）、长征2EJA和3B（中）、H－23A（日）、GSLV（印）等。

中型火箭：推力1～2吨的火箭称为中型火箭。如德尔塔6925（美）、长征3号（中）、闪电号（俄）、H－1（日）等。

小型火箭：推力小于2吨的火箭称为小型火箭。如中国的长征1D、长征2、长征2A等。

何谓探空火箭

探空火箭是在近地空间进行探测、科学试验和作业的火箭,一般不设控制系统,是30~200千米高空的有效探测工具。探空火箭通常按研究对象或用途分类,如地球物理火箭、气象火箭、生物火箭、技术试验火箭和防雹火箭等。

探空火箭可探测大气层的结构、成分和参数,研究电离层、地磁场、宇宙线、太阳活动及辐射等多种日地物理现象;探测用于天气预报的高层大气参数,进行气候变化研究和灾害性天气研究;进行生物对空间飞行环境的适应性研究、生理变化研究和空间生物学研究,并为载人航天器及其生保系统提供设计依据;对用于空间的航天新技术、新产品进行高空试验验证。防雹火箭一般为射高3~8千米的小型火箭,专门用于消雹、人工降雨,以减少自然灾害。探空火箭具有结构简单、成本低廉、发射方便等优点。技术上主要要求是飞行稳定,能达到预定高度和减少弹道顶点和落点的散布。探空火箭由箭体结构、动力装置和稳定尾翼等部分组成,与有效载荷、发射装置和地面台站一起组成探空火箭系统。有效载荷可利用降落伞等气动减速装置回收。发射装置处于垂直或接近垂直状态,可装于地面移动发射车上,也可根据需要从舰船或升入空中的气球上发射。

世界上第一枚探空火箭是美国1945年研制的"女兵下士"火箭。中国第一枚探空火箭是1960年2月19日发射成功的T—7多用途试验火箭。此后,中国于1968年和1979年分别发射成功"和平"2号与6号固体气象火箭。

什么是弹道导弹

弹道导弹是靠火箭发动机动力上升,按预定弹道飞行,然后沿自由抛物体弹道飞行的导弹。整个弹道可分为主动段和被动段。一般大型的洲际导弹用三级或两级固体火箭发动机来推进。发动机将导弹垂直推上天空,约10秒钟后发动机控制导弹朝向目标方向飞行。导弹在火箭发动机的推动下,穿越大气层。发动机推进剂燃烧完后,火箭依仗最后一级发动机的推力靠惯性继续向上爬升,然后按抛物线弹道下滑。进入大气层后的弹头可通过各种导航方式,直到最终精确命中目标。第二次世界大战末期德国的V-2导弹就是一种弹道式导弹。

△ 俄罗斯"白杨-M"弹道导弹

飞跃神秘的外太空

什么是巡航导弹

巡航导弹是依靠喷气发动机的推力和弹翼的气动升力,以巡航状态在大气层内飞行。这种像飞机一样飞行的导弹早期被称作飞航式导弹。它可以从地面、空中、水面或水下发射,攻击固定目标或活动目标。其战斗部为普通装药或核装药,既可作战术武器,也可作战略武器。战斧式导弹就是美国发展的一种巡航式导弹。

△ 美国战斧巡航导弹

什么是单级运载火箭

单级运载火箭主要应用于小推力的场合。如导弹系统，当火箭点火后，前端的控制部分起制导作用，控制导弹的飞行方向，到达目的地后便执行任务（爆炸或执行其他任务）。如探空火箭就是单级火箭，发射升空后执行探测任务。单级火箭结构简单，多为固体燃料，便于存贮和运输。但单级火箭推力小，无法达到第一宇宙速度，无法飞出大气层进入太空飞行。要想达到第二宇宙速度而绕地球飞行，或冲出大气层进入太空实现星际飞行，必须采用多级火箭结构。

△ 单级火箭

飞跃神秘的外太空

揭秘火箭发动机动力系统

　　火箭发动机是使火箭具有强大推力的动力系统，包括主动力系统和其他辅助动力设备。按照燃料形式，分为固体（推进剂）发动机、液体（推进剂）发动机、固液混合（推进剂）发动机，推进剂包括燃烧剂和氧化剂两部分。这3种推进剂的火箭发动机结构是不同的。

　　一、固体火箭发动机。固体火箭发动机通常由燃烧室、喷管和点火装置等组成。燃烧室放置固体推进剂药柱，燃烧室的后部连接喷管，喷管可以是一个或多个。点火装置由电爆管、点火药和壳体结构组成，它实际上也是一个小型的固体发动机。点火装置按照不同的点火要求，可以安装在发动机的头部、药柱的中部或尾端。发动机工作时，先通电使电爆管爆炸，引燃点火药，然后由点火药点燃存放在燃烧室内的药柱，药柱燃烧产生的燃气流通过喷管高速喷出而产生推力。

　　固体火箭发动机结构较简单、工作可靠，药柱可以长期贮存于燃烧室内，但效能较低、工作时间短，不易多次启动，推力大小、方向的调节也比较困难。

　　二、液体火箭发动机。液体火箭发动机一般由推力室、推进剂供应系统和发动机控制系统组成。

　　1.推力室：是发动机中产生推力的部分，由推进剂喷注器、燃烧室和喷管组成。对于非自燃推进剂，还有点火装置（如火花塞等）。推进剂由喷注器喷入燃烧室，经雾化、混合、燃烧，形成3000～4000℃的高温和几十兆帕的高压燃气，在喷管内迅速膨胀，以每秒数千米的速度高速喷出而产生推力。

　　2.推力剂供应系统：是把液体推进剂从贮箱输送到推力室的系统，这好像是人的心血管系统一样，构造十分复杂，有挤压式和泵压式两种。对现代大型火箭，主要是泵压式（包括泵、涡轮、传动机构和涡轮启动系统等）。

推进剂是靠高速转动的涡轮泵送到推力室的，因此涡轮泵常常被说成是火箭的心脏。发动机要工作，必须先让涡轮泵转动起来，涡轮启动系统就像是心脏起搏器一样。

3.发动机控制系统：作用是控制发动机的启动、点火和关机（即熄火）等工作程序，控制推进剂的混合比例，控制推力的大小和方向等。工作程序控制由事先设计好的程序打开和关闭发动机供应系统的阀门来完成。推进剂的混合比例和推力的大小，则通过发动机上特有的装置和方法来控制。推力方向控制一般采用摇摆发动机，即通过发动机的偏转来调整推力方向。石墨舵偏转和发动机的摇摆，都是由火箭的控制系统发出命令，通过液压伺服机构来完成的。

液体火箭发动机的主要优点是工作效率高，工作时间长，可以多次启动，推力大小和方向都可以控制。缺点是发动机结构复杂，推进剂（包括燃烧剂和氧化剂）不易长期存贮。在大型运载火箭发射前要现场进行灌装，易引起危险。

三、固液混合火箭发动机。这种火箭发动机一般是由放置固体燃料（或氧化剂药柱）的燃料室、喷管和贮放液态氧化剂和燃烧剂的贮箱，以及液体推进剂组分供应系统所组成。

当发动机工作时，可以是固态、液态推进剂组分相互接触时自燃点火，也可以像固体发动机那样安装一个火药点火器。液体推进剂组分的供应则利用压缩气体或燃气涡轮泵。

上述3种发动机，不论哪种类型，提高其性能主要是提高发动机的喷气速度。因此，最重要的是选择高性能的推进剂。同时要优化发动机设计方案，在尽量减少发动机自重的同时，提高推进剂的比冲值（即能量效应）。

火箭飞行控制系统是运载火箭的"智能"部分，好比是火箭的"眼睛、大脑和手脚"，通常由制导系统、姿态控制与电源配电组成的火箭飞行控制系统，设置在地面的测试检查及发射控制系统组成。

揭秘火箭发射程序

运载火箭的发射，包括起飞、加速、入轨、箭器分离等流程。如果发射的是回收式航天器，最后还有回收程序。

一、起飞。火箭经过事先组装、测试以及某些试验（如风洞试验，该试验一般用模型）后，使用运输系统（火车或汽车、拖车）运往发射场，竖立在发射架上，然后进行发射前的准备工作，如航天器的安装、所有管线的连接等。如果是液体推进剂火箭，还要加注推进剂，填充压缩空气和安装爆炸螺栓等火工品（航天器安装要先于火工品安装，以保障安全）。然后进行全箭检查、火箭垂直度调整和方向粗瞄准。最后再进行方向精瞄准和临射检查，向火箭推进剂贮箱充气增压。启动发动机，火箭起飞，沿预定轨道飞行。当然，点火起飞是由电子计算机倒计时和一系列控制指令实现的。

二、加速和飞行。火箭起飞后，沿着预定发射轨道飞行，发射轨道包括垂直起飞段、程序转弯段和入轨段。随着各级火箭的不断点火加速，火箭的速度逐步加快，每级火箭能获得约4千米/秒的速度。

三、入轨。各种运载火箭在前两段的工作程序基本相同，而在入轨阶段则有些差异，有直接入轨的，有滑行入轨的，有过渡转移入轨的。

1.直接入轨：适于低轨道航天器，如地球资源探测卫星、侦察卫星和载人航天飞船等。在这种入轨方式下，火箭是连续工作的。

当最后一级火箭发动机关机时，航天器便进入预定轨道，箭体与航天器分离（整流罩先行分开）。在此前，各级火箭顺次点火，完成工作的那一级火箭便被及时抛掉。

2.滑行入轨：适于发射中、高轨道的航天器，如太阳同步气象卫星、导航卫星等。滑行入轨分主动段（发动机点火工作段）、滑行段（发动机关机靠惯性飞行段）、加速段（发动机再次点火，适于液体推进剂火箭，固体火

△ 火箭发射场

箭无法再次点火）飞行。

3.过渡转移入轨：适用于发射地球同步轨道航天器，如地球同步轨道通信卫星、气象卫星等，这种入轨方式十分复杂。第一，二级火箭连续工作，接着第三级火箭第一次点火，使卫星与第三级火箭同时进入小椭圆轨道（停泊轨道）绕地球飞行。当与赤道平面相交时，第三级火箭第二次点火工作，于是将卫星送入36000千米高的赤道上空，近地点为400千米的大椭圆轨道，称之为过渡轨道。当达到预定轨道后，箭星分离。至此，运载火箭完成了发射任务。

至于在轨道上的卫星的姿态调整、轨道参数测量及轨道微调，则是地面测控站的任务了。而星际探测器或无人飞船、载人飞船的太空飞行、登陆外星等，则要受在地面宇航测控中心的监视和控制。

中国主要运载火箭有哪些

长征一号火箭：长征一号是用来发射东方红一号卫星的，1970年4月24日发射成功，此后又用它发射多枚卫星。长征一号又叫做CZ—1或LM—1。长征一号是三级火箭，全长29.45米，最大直径2.25米，起飞重量81.6吨，起飞推力112吨，能把0.3吨重的卫星送入400千米高的近地轨道。长征一号火箭奠定了长征系列火箭发展的基础。

长征二号火箭：长征二号的前身是中远程导弹，长征二号第一级发动机推力达70吨，比长征一号的同级发动机（推力为28吨）提高许多。

长征二号除发射卫星外，重要意义在于它是后续长征二号及系列改进型火箭的"母箭"，CZ—2C、CZ—2D、CZ—2F、CZ—3和CZ—4火箭都是由长征二号发展而来的（CZ后边的数字1、2、3、4后的A、B、C、D、E、F，与甲、乙、丙、丁、戊、己一一对应）。长征二号是两级火箭，全长31.65米，最大直径3.35米，起飞重量191吨，总推力280吨，能把1.8吨的卫星送入数百千米的椭圆轨道。

长征三号火箭：长征三号主要是用来发射地球同步卫星的，分为甲、乙两种型号。由于地球同步轨道较高（高达36000千米），故需要大功率的推力火箭。所以长征三号火箭的第三级火箭发动机改为用液氢和液氧作为低温高能推进剂，燃烧效率高，在飞行中可两次点火（在飞行中关机后可再次点火）。1984年4月8日，我国用长征三号运载火箭首次成功地将东方红二号实验通信卫星成功发射到地球同步轨道，从而使我国成为第三个使用低温高能推进剂——液氢和液氧的国家，成为第二个掌握高空、微重力条件下发动机二次点火的国家。

长征三号火箭全长43.25米，一、二级直径3.35米，三级直径2.25米，起飞重量204吨，起飞推力296吨，同步转移轨道的运载能力为1.4吨。长征三号火

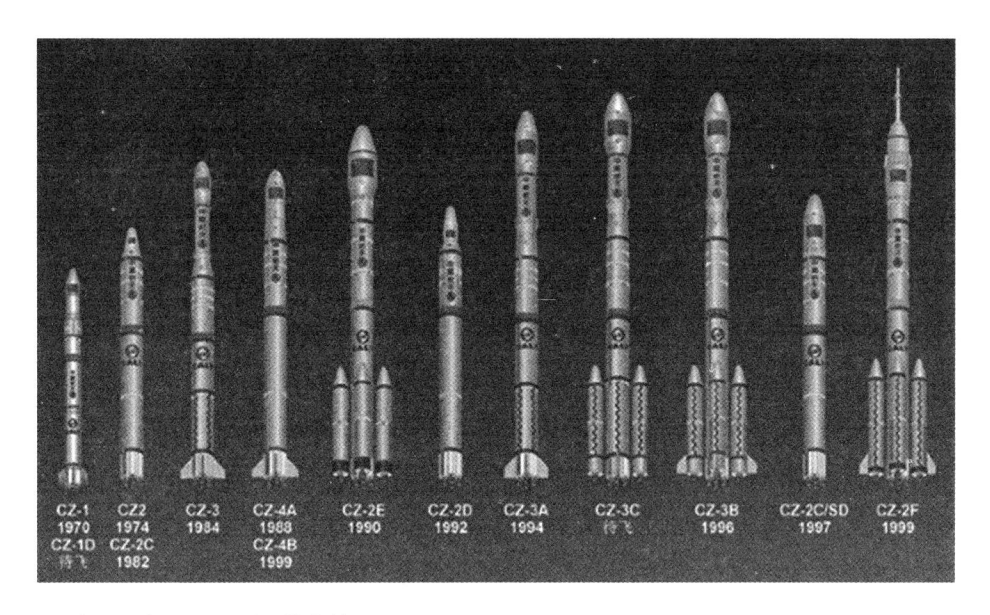

△ 中国"长征"系列运载火箭

箭的发射成功,标志着中国运载火箭跨入世界先进行列。

长征四号火箭:长征四号是作为长征三号的备份用的。采用较成熟的常规技术,推进剂为四氧化二氮和偏二甲肼。后改进成长征四号甲,用来发射太阳同步气象卫星,也用来发射极地卫星。我国1988年9月7日在太原发射中心用它发射"风云一号"气象卫星成功;1990年月9月3日在发射两颗"风云一号"气象卫星时还搭乘了两颗大气一号气象卫星,从而使长征四号名声显赫。

长征四号火箭与长征三号尺寸差不多,运载能力也相近,但发射重型卫星仍不能胜任。火箭全长41.9米,一、二级直径3.35米,三级直径2.9米,起飞重量249吨,起飞推力296吨,地球同步转移轨道的运载能力为1.25吨,太阳同步轨道的运载能力为1.65吨。

飞跃神秘的外太空

资源卫星有什么作用

资源卫星，顾名思义是勘测和研究地球自然资源的卫星。它不但能"看透"地层，还能普查农作物、森林、海洋、空气等资源，能预报和鉴别农作物的收成，考察和预报各种严重的自然灾害。回顾人类利用资源卫星的记载，关于它的佳话真是不少。

一、勘探地球的行家

1987年，中国在修建大同—秦皇岛的铁路时，遇到了拦路虎桑乾河。原以为这条河为不可通的地段，铁路须绕行40千米。而每千米的铁路建设费就高达900万元人民币，还要占用数千亩良田。科学家们研究了资源卫星提供的卫星图片，证明桑乾河的地质条件可以让铁路搭桥通过，这样一下子就减少了国家4亿元的投资。

世界上最长的河流亚马逊河，长期以来该流域的资源状况一直是个谜。然而20世纪80年代中期以后，人们并没有费太大的劲儿，就对世界第一大河流域的地形地貌、土壤植被、森林、矿藏，等等资源了如指掌了，并且发现了这条大河还有一条几千千米长的大支流。是谁帮了这个大忙呢？还是资源卫星。

二、资源卫星探秘

资源卫星利用星上装载的多光谱遥感设备，获取地物目标辐射和反射的多种波段的电磁波信息，把这些信息发送给地面站。地面站接收了卫星信号后，根据事先掌握的各类物质波谱特性，再对这些信息处理、判读，从而得到各类资源的特征、分布和状态等资料。

资源卫星一般采用太阳同步轨道运行，这样既可以使卫星对地球的任何地点都能观测，又能使卫星在每天的同一时刻飞临某个地区，实现定时勘测。许多国家都发射和准备发射资源卫星。资源卫星分两类：一是陆地资源

破译科学系列

△ 地球资源卫星

卫星；二是海洋资源卫星。

　　世界上第一颗陆地资源卫星是美国1972年7月23日发射的，名为"陆地"1号卫星。它采用近圆形太阳同步轨道，卫星距地球920千米高，每天绕地球14圈。星上的摄像设备不断地拍下地球的情况，它拍的每幅图像可覆盖地面近两万平方千米，是航空摄影的140倍。世界上的第一颗海洋资源卫星"海洋卫星"1号也是美国于1978年6月发射的。它装有各种遥测设备，可在各种天气里观察海水特征、测绘航线、寻找鱼群、测量海浪、海风等。美国用这颗卫星拍摄的图片，绘制了世界三大洋的海底地形图，为人类发展海运、开发海洋提供了资料。可惜的是它只工作了105天，就因电源系统短路而失去了作用。

飞跃神秘的外太空

气象卫星有什么作用

气象卫星是对地球及其大气层进行气象观测的人造地球卫星。它能大范围地、及时迅速地、连续完整地对气候进行研究，并把云图等气象信息发给地面用户。

一、海拔最高的气象站

气象和人类的生存密切相关，一场暴雨或一次台风没有及时预报就会摧毁一年的收成，甚至危及人们的生命。航行的船舰和飞机，没有气象预报的保证，后果更是不堪设想。可是无论用地面气象台、气球、无线电设备，还是用气象火箭进行气象观测，都有很大局限性，而且地球上有80％的地区无法用上述工具去观测，于是气象卫星便大显身手。

1981年，中国长江流域发生特大洪水。要不要在荆江实行分洪，当时国家的决策机构举棋不定。气象部门根据接收国外气象卫星的资料，提出了荆江不分洪的建议，结果避免了40万人不必要的搬迁，并使60万亩农田免于被淹，减少经济损失6亿元。1986年，"8607"号台风在广东汕头登陆，气象部门根据气象卫星提供的信息及时预报，使3000多条渔船及时返港，300多万亩水稻提前收割，35座大中型水库采取安全措施，减少损失约10亿元。

二、气象卫星如何察言观色

近地气象卫星离地面的高度一般在800千米左右。气象卫星上装有电视摄像机，它能够拍摄全球的云图。以前，人类只能从下往上拍摄云图，由于上层云被下层云遮住，所以往往拍摄不到上层云。有了气象卫星，就可以从上往下拍摄云图。

气象卫星的高超本领还来自于它携带的气象遥感器。它能够接收和测量地球及其大气的可见光、红外与微波辐射，并将它们转换成电信号传送到地面。地面站接收以后，经过计算机处理，就可以得到云的形状、云顶高度、

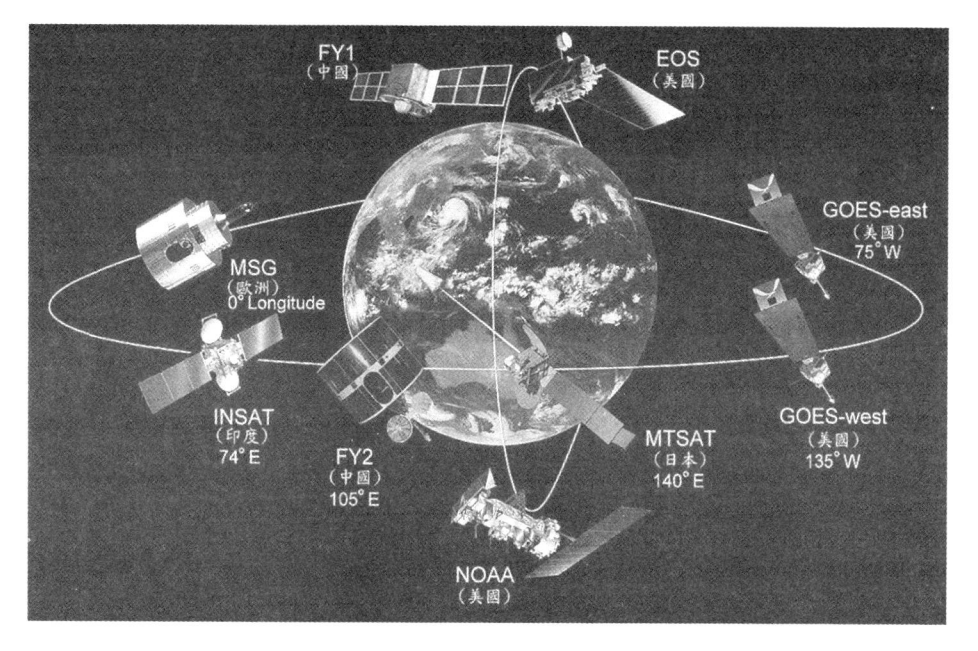

△ 地球同步气象卫星

大气温度和湿度、海面温度和冰雹覆盖面积等，进一步处理后就可以发现天气变化的趋势。把气象卫星获得的气象资料跟其他探测方法获得的气象资料一起进行综合分析后，就可以准确地预报天气。

气象卫星的轨道大致有两种：一种是太阳同步轨道；一种是地球静止轨道。前者每天可对全球表面巡视两遍，优点是可以获得全球气象资料，缺点是对某一地区每天只能观测两次；后者可以对地球近1/5的地区连续进行气象观测，实时将资料送回地面。用四颗卫星均匀地布置在赤道上空，就能对全球的中、低纬度地区天气系统的形成和发展进行连续监测。它的缺点是对纬度大于55度的地区的气象观测能力差。如果这两种卫星同时在天上工作，就可以优势互补。

三、国际气象卫星家族

自1960年美发射第一颗气象卫星"泰罗斯—1"以来，世界上发射了许多类型的气象卫星，到目前为止，美国、苏联、日本、欧洲空间局、中国、印度等国家共发射了100多颗气象卫星。从1960～1965年，美国共发射了10颗"泰罗斯"系列试验型卫星，它为美国提供了大量的气象资料。1966～1969

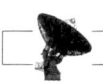

年间，美国又研制并发射了第一代太阳同步轨道气象卫星——"艾萨"号，共发射了九颗。它的云图星下点分辨率为4千米，但仍不是十分理想。为了与"艾萨"号协同作战，美国还在1975～1982年间共发射了六颗地球静止轨道的"地球静止环境业务卫星"（GOES）。美国气象卫星中本领最强的数第三代太阳同步轨道卫星——"泰罗斯N/诺阿"系列卫星。它与GOES等系列卫星配合组成了一个严密的全球天气监测网。它每天可输出全球范围内16000个点的大气探测资料，20000～40000个点的海面温度测量值，100多张云图。现在世界上120多个国家约有1000多个云图接收站，每天接收这类卫星云图。

苏联的气象卫星叫"流星"号，分Ⅰ、Ⅱ号两个系列，从1969～1982年已经发射了40颗。"流星"号卫星为太阳同步轨道卫星，每天两次探测全球有关云层分布、雪和冰层覆盖、地面温度、云顶高度等数据，将数据传给本国及其他国家的60个自动图像传输站，业务十分繁忙。

日本于1977年发射了一颗静止气象卫星，它能观测从东经8°到西经160°，南北纬各5°的广大地区，包括太平洋、印度洋东部、东亚大陆和大洋洲。中国也在日本静止气象卫星的观测范围内。中国已经研制成接收装置，接收日本静止气象卫星的云图，用于中国的天气预报。日本发射第一颗静止气象卫星以后，又相继发射了三颗静止气象卫星，其中1984和1989年发射的两颗卫星目前仍在工作中。

中国于1988年9月7日发射了第一颗气象卫星——"风云1号"太阳同步轨道试验气象卫星，卫星云图的清晰度可以与美国"诺阿卫星"云图媲美。只可惜由于星上元器件发生故障，它只工作了39天。中国科学家研制了性能更先进的"风云2号"地球静止轨道气象卫星，预计不久的将来便可应用。

科学探测卫星能探测什么

科学探测卫星，是用来进行空间物理环境探测的卫星。它的出现，改变了人类坐地观地、坐地观天的传统。它携带着各种仪器，穿过大气层，不受干扰地为人类记录着大气层、空间环境和太空天体的真实信息。而这些十分宝贵的资料又为人类登上太空、利用太空提供了攻略指南。

一、探测空间的奥秘

美国发射的第一颗卫星"探险者1号"就是一颗科学探测卫星，以后"探险者"发展成了一个科学卫星系列，到1975年，这个系列共发射了55颗，有53颗进入轨道。"探险者"卫星系列多为小型卫星，这些卫星使人类更多地了解了太阳质子事件对地球环境的影响，加深了对太阳—地球关系的认识。

"电子号"卫星是苏联的科学卫星系列，1964年1～7月共发射了四颗卫星，重量为400～544千克。星上装有高、低灵敏度的磁强计，低能粒子分析器，质子检测器，太阳X射线计数器以及研究宇宙辐射成分的仪器等。它们主要任务是研究进入地球内、外辐射带的粒子与其相关的各种空间物理现象。

中国的"实践"系列卫星既是技术实验卫星，又是科学探测卫星。它分别于1971年和1981年发射了两次共四颗。"实践1号"卫星装有红外地平仪、太阳角计等探测仪器，取得了许多环境数据。"实践2号"和2号甲、2号乙是用一枚火箭同时发射的三颗卫星。卫星获取了有关地球磁场、大气密度、太阳紫外线、太阳X射线、带电粒子辐射背景等数据，也圆满地完成了新技术的试验。

二、观测宇宙的"天文卫星"

天文卫星也是一种科学卫星，它就像在地球轨道上建起的一座座太空天文台，可专门对宇宙天体和其他空间物质进行科学观测。

第一颗天文卫星是美国1960年发射的"太阳辐射监测卫星"，它测到了

飞跃神秘的外太空

△ 美国旅行者2号无人星际探测器

太阳的紫外线和X射线通量。从1962年开始，美国又发射了专门观测太阳的"轨道太阳观测台"卫星系列、专门用于紫外线天文观测的"轨道天文台"卫星和X射线观测卫星。

这些卫星发现了宇宙天体的各种辐射源，为人类分析研究宇宙的演化过程、揭开地外文明的奥秘提供了珍贵的资料。

天文卫星在离地面几百千米或更高的轨道上运行，由于没有大气层的阻挡，星上的仪器可以接收到来自天体的从无线电波段到红外波段、可见光波段、紫外线波段直到X射线波段和γ射线波段的电磁波辐射。由于安装了复杂的科学观测仪器，除这些仪器本身必须保证制作精度外，天文卫星在结构上也须有很高的安装精度和结构稳定性，否则造成的修理代价可就太大了。

通信卫星的功能何在

通信卫星，像一个国际信使，把来自地面的各种"信件"带到天上，然后再"投递"到另一个地方的用户手里。由于这座"太空驿站"挂在3.6万千米高的高空，所以在理论上，只需在太平洋、印度洋、大西洋的赤道上空各配置一颗同步通信卫星，就可以实现全球卫星通信了。

一、挂在天上的"驿站"

自古以来，人们就对快速通信有迫切的期望。20世纪无线电通信的实现，使人类的通信手段大为改观。无线电通信是靠电波传送信号的，其中超短波和微波具有传输信息容量大、信号稳定可靠等优点。但二者的传输只能直线传播，人们只好每隔50千米为它们建造一个中继通信站，使它们像跑接力赛一样把电波传送到遥远的地方。然而，这种接力通信的方式在许多情况下是不可行的。例如在崇山峻岭和汪洋大海中，根本无法建立中继站，怎么办？

1944年，一个名叫克拉克的英国人发表了一篇题为《地球外的中继》的论文。他提出了一个十分大胆的设想，即人类有可能通过发射人造地球卫星，为地面通信建立设在空间的"中继站"。这就相当于在天上挂起一个"驿站"，把信号发给天上的卫星，再由卫星接收后转发到地面的另一个地方。这就是卫星通信的最初原理。

通信卫星一般采用地球同步轨道，要保持卫星与地球的运行同步，就要"定点"在赤道上空35786千米处。因为与地球的运转同步，所以在地球上任何一点看到的通信卫星都是相对静止的。这为组织全球卫星通信网带来了很多方便，接收站的天线可以固定对准卫星，昼夜不间断地进行通信。

二、现代社会与通信卫星

1965年4月6日，世界上第一颗商用卫星"晨鸟号"发射成功，一个崭新

95

飞跃神秘的外太空

△ 通信卫星

的卫星通信时代便由此开始。"晨鸟号"于1965年6月28日开始商业服务，它是通信卫星从试验阶段转为实用阶段的标志，开创了民用国际卫星通信的先河。

最先利用卫星来转播电视的国家是国土辽阔的加拿大，1976年，它利用美国通信卫星建立了全世界首家电视转播网。1984年，日本又首先发射了专用于卫星电视转播的广播卫星"BS—2a"。卫星转播不仅能使世界各地新闻在瞬息之间传遍寰宇，还使得分散在世界各地的人足不出户而知天下事，通过电视屏幕同观一场球赛，或同时出席一个国际会议。

由于卫星通信的崛起，使得在海上救援活动中以"SOS"为呼救信号的莫尔斯电报，于1999年2月正式退出历史舞台，代之以由海事卫星担纲的"全球海上遇险及安全系统"（GMDSS），从而将人类的海上救援活动推向了一个新的水平。

中国的通信卫星发展起步较晚，第一颗自行研制的静止轨道通信卫星是1984年4月8日发射的，叫"东方红2号"，至今已成功发射了五颗。这些卫星先后承担了30路对外广播、中央电视台一套和二套节目传输、两套电视教育节目的传输，开通了8000多路卫星电话以及国内广播节目的传输，创造直接经济效益高达二十多亿元。

技术试验卫星

技术试验卫星是指用于卫星工程技术和空间应用技术的原理性或工程性试验的人造地球卫星。航天技术中的新原理、新技术、新方案、新仪器和新材料往往需要这类卫星进行空间飞行试验，成功后才能投入实际应用。技术试验卫星的数量较少，但试验内容广泛，如重力梯度稳定试验，电火箭试验，生物对空间环境的适应性试验，载人飞船生命保障系统和返回系统试验，交会对接试验，无线电新频段的传输试验，微波切换、基带处理机、多点波束扫描天线、星间链路等通信卫星新技术试验，数据中继试验，移动通信试验，新遥感器飞行试验和航天武器试验等，对卫星技术的发展具有很大的推动作用。

人造卫星在发射上天前必须经过一系列的地面试验，以考验卫星的技术性能。但是地面环境毕竟不同于天上，在地面上试完了还必须上天"实施"试一试。无论哪个国家在发射每一种应用卫星之初，都要发射一些技术试验卫星。美国的返回式卫星就是发射了12颗技术试验卫星后才掌握了卫星回收技术。

从1966年12月到1974年5月，美国曾发射了6颗多用途技术试验卫星。它们叫"应用技术卫星"系列。卫星进行了很多试验：空—地和船—岸之间的话音通信、传输全球云层分布图、卫星导航、卫星天线作用、卫星姿态稳定及无线电传输等，为美国以后的通信卫星、气象卫星、导航卫星、资源卫星的研制及应用做了大量的准备。

随着试验项目的完成，人们逐渐掌握了某类卫星的技术和应用技术，于是在新种类卫星诞生前，试验卫星的发射便大大减少了。

实践一号卫星是中国第一颗科学探测和技术实验卫星。它于1971年3月3日发射，重221千克，外形为近似球体的多面体，直径1米。它的主要任务

飞跃神秘的外太空

△ 史上首只太空狗——莱伊卡

是试验星上太阳能电池供电系统，主动无源温度控制系统，长寿命遥测设备及无线电线路性能及其他太空环境探测。实践一号的设计寿命为一年，可它实际在太空中工作了8年之久，直到1979年6月17日才陨落。

技术试验卫星中最让普通人感兴趣的是生物卫星。我们知道，在载人航天之前必须先进行动物试验，看看动物能否适应太空生活，看看太空失重、强辐射的环境对动物生长、发育、遗传、生育有什么影响，采取什么防护措施，然后才能慎重地将人送上天。

1957年11月3日，苏联发射了一颗载有一只名叫"莱伊卡"小狗的人造卫星——"人造地球卫星"二号，这是世界上第一颗生物卫星。5千克重的莱伊卡在不大的卫星舱里生活得很好，科学家为它设计了一套生命保障系统，使舱内的环境和地面一样，并带有食物。莱伊卡的身上缚上了各种监测血压、呼吸、心率等生理指标的探头，遥测信息传回来后供地面科学家研究。由于当时人类还未掌握卫星回收技术，可怜的莱伊卡孤独地在天上转了6天后死去了。此后，苏联自1966年开始执行专门研究空间生命科学的生物卫星计划，基本上每隔1—2年发射一颗生物卫星。到1987年一共发射了10颗，这些卫星都编在"宇宙"号的系列卫星中。星上装了猴子、狗、白鼠、乌龟、苍蝇、细菌、藻类、植物种子等生物，对它们进行了重力生理学，放射生物学和发育生物学实验。卫星飞行最长时间为22天，最短为5天。苏联的生物卫星计划是一项国际合作项目，东欧诸国、美国、法国等国家都参加了实验。

美国在1963年制订了生物卫星计划，原计划发射6颗卫星，实际只发射了3颗。1975年以后，美国的空间生命科学研究依靠苏联的"宇宙"号生物卫星完成。

中国在1990年10月5日发射的返回式卫星上也进行了太空动物试验，两只雄性小白鼠率先光顾宇宙，览尽九天风光。它们在天上生活了5天零8个小时，由于种种不适应，在返回地面之前死去了。

生物卫星一般由服务舱和返回舱两部分组成。服务舱是卫星与运载火箭的接合部分，内部有卫星的

△ 美国天空实验室

姿态控制系统，电源系统和其他保证卫星正常工作的设备。服务舱与返回舱分离后留在天上不返回地面。返回舱是卫星返回地面的舱段，内装各种实验生物、记录仪器、制动火箭和回收系统，舱外有防热保护层。返回舱的外形有的呈球形，有的呈碗形，重三四百千克乃至一二吨。

生物卫星上为什么常选用猴子、白鼠做试验品呢

猴子属灵长类，在身体各方面与人类相近。通过猴子在太空的反应，可以帮助科学家了解它们的内脏器官在飞行初期处于什么状态，它们心血管、骨骼、血液、神经和感觉系统在失重环境中的变化以及宇宙辐射对身体器官的影响，还有宇宙飞行对它们的生殖能力、遗传基因的影响等，而这些实验直接在宇航员身上做是不妥当的。

白鼠以体积小、繁殖力强的优点入选太空。28只白鼠的体积才等于一只狗的体积，而它们又有14天就可以繁殖一代能力，可以在太空中受孕，回地面繁殖，也可以受孕后上天在太空中繁殖，还可以很快地了解太空飞行对其子孙后代的影响。

飞跃神秘的外太空

常见的军用侦察卫星有哪些

侦察卫星是军用卫星中数量最多、应用最广的卫星。它由于站得高看得远，既能监视又能窃听，是个名副其实的超级间谍。对于地、海、空目标它都可以进行观测和监视，获取目标的图像和位置资料，截获目标发射的无线电信号等。根据执行任务和侦察设备的不同，侦察卫星分为：照相侦察卫星、电子侦察卫星、海洋监视卫星和预警卫星。

一、照相侦察卫星

装有可见光照相机、电视摄像机，可对目标进行拍照。这种卫星一般运行在近地点高度150～280千米的近地轨道上，如果装备上红外相机和多光谱相机，还具有夜间侦察和识别伪装的能力。

美国从1959年2月开始发射照相侦察卫星，直到1960年8月首次发射回收成功，从"发现者号"至今已发展了五代侦察卫星。1960年10月

△ "大鸟"照相侦察卫星

发射的"萨莫斯号"无线电传输型卫星是第一代；第二代是改进了摄影系统的传输型卫星；第三代返回型卫星装有更完美的遥感装置和更高级的相机，装有空—地快速通信系统，可把信息以高传输率发回到地面；第四代叫"大鸟"，它兼有回收胶卷和无线电传输两种功能，拍的照片可以清晰地分辨出火车、汽车、建筑物及行人；第五代是"锁眼"卫星系列，海湾战争中，美国运用了最新型的数字成像卫星——"锁眼-11"侦察卫星，它用电荷耦合器件摄像机拍摄地物场景图像，图像直接可传送给地面，收看的效果犹如

看电视片。还有一种更先进的"锁眼—12"侦察卫星，地面分辨率高达0.1米，足可以清点沙漠中伊军的坦克、帐篷和人员。这种侦察卫星还具有一种"斜视"功能，能通过改变其光学系统的指向来摄取旁边地域的图像，同时卫星上的红外设备还可以在夜间拍照。

二、雷达成像侦察卫星

海湾地区地表沙漠多，最适合雷达全天候监视。一种雷达成像型卫星——"长曲棍球"号侦察卫星在海湾战争中如鱼得水，表现出众。

△ 前苏联的照相侦察卫星

"长曲棍球"雷达成像卫星，主要用于进行打击前的情报侦察和空袭效果评估，每颗卫星重15吨，轨道高度为680千米。雷达图像的分辨率为0.3～0.9米，能在夜间和各种气候条件下进行基本的轰炸毁伤评估。

雷达成像卫星不受光照等条件限制，可以昼夜工作，不间断地提供地面目标图像。这些卫星传回了大量数据，在美国图像照片判读中心里堆积如山，使处理人员每天工作长达18小时以上。经过处理的信息输入美国海军、空军的导弹制导系统中，其结果是伊拉克一个个精心伪装的战略重地大多进了多国部队的轰炸清单。

三、电子侦察卫星

装有电子侦察设备，用来侦辨雷达和其他无线电设备的位置和特性，窃听遥测和通信等机密信息。这种卫星一般运行在高约500或1000多千米的近圆轨道上。电子侦察卫星是窃听能手，当它经过别国上空时，星上磁带迅速录下雷达信号、电台信号等，等转回到本国上空时又把这些信号输送到地面站。经地面分析研究，就能掌握别国地面雷达的位置、特性，破译电台的信号。美国1988年8月发射的一颗重型电子侦察卫星，可以同时监听中俄两国11000条电话和步话机无线电话。

四、海洋监视卫星

装有雷达、无线电接收机、红外探测器等侦察设备，监视海上舰船和潜艇的活动。为了对广阔的海洋连续监视，卫星轨道一般比较高，为1000千米左右的近圆轨道，并需要由多颗卫星组成海洋监视网。海洋监视卫星的主要用途有三个：一是侦察、监视和掌握在海洋上游弋的敌方舰艇或海洋上空的敌方飞机活动情况，截获敌方的雷达和无线电通信信息，为舰艇提供服务；二是测定并掌握海面大幅度起伏情况，确定重力场强度的区域变化情况。这些数据对核潜艇的活动是十分重要的；三是测定海流、涡流、浪高、海面水温变化以及海岸地势，为探测潜艇的行踪和舰队的其他军事活动提供重要情报。

五、预警卫星

预警卫星运行在地球静止轨道，并由几颗卫星组成一个预警网。在平时，预警卫星用来监视各国弹道导弹和航天器的飞行实验情况。在战时，导弹预警卫星可利用星上的红外探测仪，探测导弹飞行时发动机后尾焰的红外辐射，配合电视摄像机及时准确地判断敌方导弹方

△ 美国导弹预警卫星

向，并粗略地预报其弹道和落点，然后将预警信息传给拦截武器系统做好拦截准备迅速报警，使地面防空部队准备拦击导弹，城市居民紧急疏散隐蔽。

在敌方弹道导弹从水面或地下发射后几十秒钟，预警卫星就能探测到。预警卫星可对洲际导弹N—9弹提供约25～30分钟的预警时间，对潜射导弹能提供约10～15分钟的预警时间，对近程弹道导弹，能在其发射0.5～2分钟后发出预警信息。海湾战争中，美国的爱国者导弹拦击伊拉克的飞毛腿导弹，预警卫星起了极大的作用。

导航定位卫星有什么功能

导航卫星，是为分布在全球各地的军队及其武器装备、低轨道上的卫星提供全天候精确实时的导航、定位和授时服务的一种卫星系统。

一、太空中的瞄准镜

导航卫星的轨道高，一般反卫星武器打不到，系统生存能力强。它一般部署在中高轨道甚至更高的同步轨道，由于导航卫星的接收机很小，因此可装在很多种武器上。这个系统可以用于飞机、舰船、坦克、步兵、导弹以及低轨卫星等，提供全天候、连续、实时、高精度的三维位置及时间和速度的精确定位信息。

卫星导航最早采用的是依据多普勒效应的测速定位法，现在大多数采用的是时间测距法。美国全球导航定位系统（GPS），依据的就是时间测距法，同时借用已知的地球模型和高度程图来为地面用户提供其位置坐标满足的两个方向，这样就可以只用两颗导航卫星来进行导航定位。如果所用的导航卫星是地球静止轨道卫星，那么就可以用这样两颗卫星来为它们所共同覆盖地区内的地面用户进行定位，这就是通常说的"双星定位"。双星定位法只能用于区域性的卫星导航。

二、从"子午仪"到GPS

1960年4月，美国建立了世界上最早的卫星导航定位系统——"子午仪"。经过30年的努力，美国于1992年建成了全球导航定位系统（GPS）。CPS在海陆空天四维空间，任何需要以动态和静态方式使用定位或位移信息的设备以及系统中都可找到用武之地，被誉为当代最伟大的科技成就之一。苏联1973年发射了第一颗导航定位卫星。1995年，俄罗斯建立了由24颗导航卫星组成的全球导航定位系统。

1959年12月，美国首次发射子午仪导航卫星，而后又发射了两颗试验型

飞跃神秘的外太空

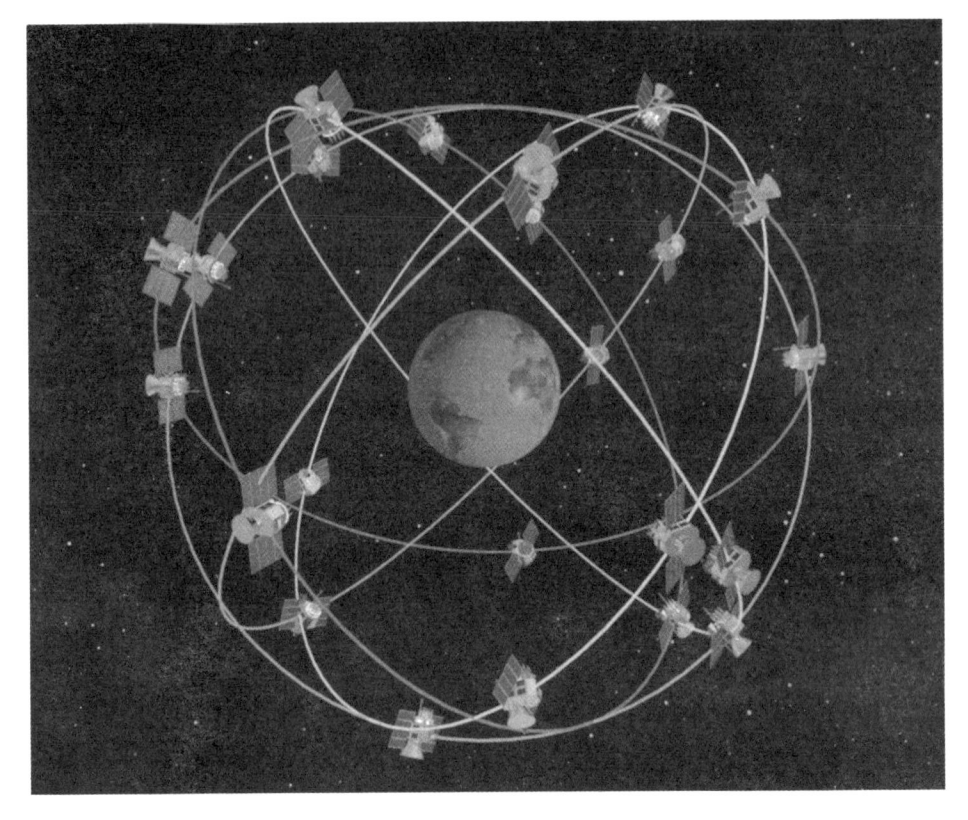

△ GPS全球卫星导航系统

"子午仪"卫星。1963年，第一颗实用型"子午仪"卫星发射入轨并开始使用。这种导航定位卫星是专为"北极星"潜艇量身定做的，每隔两分钟就会播发一次轨道参数和时间信号。从1960年到1980年，"子午仪"系列导航卫星共发射了三十多颗，通常采用4~5颗卫星组成绕地球的空间导航网。遗憾的是，这个系统只有效工作了89个昼夜。

1973年12月，美国国防部制订了"导航卫星全球定位系统"计划，以求弥补子午仪卫星的不足，建立一个由24颗导航卫星构筑的供各军种使用的全球军事导航卫星系统。

1992年3月9日，美国空军将"导航星"的卫星发射到地球轨道上，从而完全构筑起了这个耗时20年、耗资100亿美元的全球导航定位系统。24颗"导航星"每颗都和一辆大型汽车一般大小，重约861.8千克，一直在17702.818千米高的轨道上围绕地球旋转。全球导航定位系统是由洛克威尔公司制造并由美国空军操纵的，用户只要配有合适的接收器和数据处理设备，就能同时接收四颗卫星发送的导航信号，并根据信号传送时间精确计算出用户的位置。

三、军民两用的GPS

卫星导航定位已经实现了高精度、全天候、全天时、全球性、终端小等的导航定位，广泛用于国民经济和社会生活的众多领域，并产生了深远影响，使过去人们认为完全不可能的幻想变成了现实。

1983年10月，苏联50余艘船只被困在北极东部的冰层中，借助于导航定位卫星发回的照片，找到了出事地点冰层上的一些裂缝，为破冰船选定了合理路线，解救了遇难船只。海湾战争结束后，科威特在重建家园时遇到了一个很棘手的问题，不大的国土上留下了数百万枚地雷、哑弹。为此，美国使用了导航定位卫星对这些危险物进行了定位，并进行了引爆销毁，创造了世界奇迹。

在中国，卫星导航也已经广泛应用于交通、航海、航空、野外作业等领域。如石家庄市的"110"指挥中心已经将全球定位系统与移动通信技术和"110"报警系统结为一体，指挥调度警车。北京的部分出租车上也安装了全球定位系统，你只要打个电话，出租车公司就会将离你最近的汽车调到你的身边。如果私人汽车安装了全球定位系统，无论你走到哪个角落，都能找到正确的方向。现在，喜爱外出野游的人越来越多，只要带上一个1000克重的全球定位系统，就可以确定自己所在的纬度、经度和海拔高度，而永远不会迷失。

2000年10月31日和12月21日，中国先后将两颗"北斗"导航定位试验卫星送入太空，标志着中国成为了世界上继美国和俄罗斯之后第三个建立了卫星导航系统的国家。中国的北斗导航定位试验系统采用的是"双星定位"，由两颗北斗导航定位试验卫星组成。它是一个可以全天候、全天时提供导航定位的区域性导航定位系统。北斗导航定位系统建成以后，主要为公路交通、铁路运输、海上作业等提供导航定位服务，对中国的经济发展将起到积极的推动作用。

飞跃神秘的外太空

揭秘军事通信卫星

军事通信卫星通常可分为战略通信卫星和战术通信卫星。前者提供远程乃至全球范围的战略通信,在赤道上空等距离地部署了三颗静止轨道卫星,可以实现除两极外的全球通信;后者提供地区性战术通信及舰艇、飞机、车辆乃至单兵的移动通信。

卫星通信的频带很宽,目前一颗通信卫星的容量可高达五万路。卫星通信的信号质量不会因距离的

△ 军事通信卫星

增加而变坏,它不仅能作为地面站之间的远距离通信干线,而且可以为机载、舰载的小型机动终端及单兵手持机提供移动通信。1995年,波黑维和行动中,以美国为首的北约使用了大量的电子侦察卫星和通信卫星,通信卫星和其他设备一起形成了迅速可靠的数据传输系统。

这个系统首先通过无人侦察机获取波黑前线的地面目标信息,然后将数据直接通过中继卫星发送到设在匈牙利的无人机地面控制站,经地面控制站初步处理后再通过卫星传输到设在英国的联合分析中心,经过分析处理后,再通过卫星传送到美国的五角大楼,形成攻击指令后,又通过卫星传送给正在前线空中待命的战斗机飞行员。整个信息处理与传输过程只需要1秒钟。

通信卫星仍然存在一些缺点,例如同步轨道卫星通信在高纬度地区通信效果不好,在两极地区是盲区,未采取加密措施的通信卫星容易受到干扰等。

空间探测器的发展历程

空间探测器又称深空探测器或宇宙探测器，是对月球和月球以外的天体和空间进行探测的无人航天器。空间探测器包括月球探测器、行星和行星际探测器。空间探测器是进行深空探测的主要工具，目的是了解太阳系的起源、演变和现状；通过对太阳系内各行星的比较研究，进一步认识地球环境的形成和演变；探索生命的起源和演变。空间探测已成为人类继发展应用卫星、载人航天技术后的第三大航天技术领域。从1959年1月苏联发射的第一个月球探测器——"月球1号"，至1998年1月美国"月球勘探者"的发射成功，全世界已成功发射了52颗无人月球探测器。从20世纪60年代至今，美国和苏联发射了120多颗空间探测器（含月球探测器），分别探测了金星、火星、水星、木星和土星，以及行星际空间和彗星。空间探测器是在人造地球卫星技术基础上发展起来的，但在技术上有一些显著特点。空间探测器特别是行星和行星际探测器，一般要在空间进行长时间飞行，无线电信号传输时间长，地面不能进行实时遥控，因而要求探测器具备自主导航能力。向太阳系外侧行星飞行远离太阳时，探测器的电源系统不能采用太阳电池阵，需要使用核能源系统。有的还要采用抵御更严酷的空间辐射环境的特殊防护结构、月球及行星表面着陆和漫游技术等。

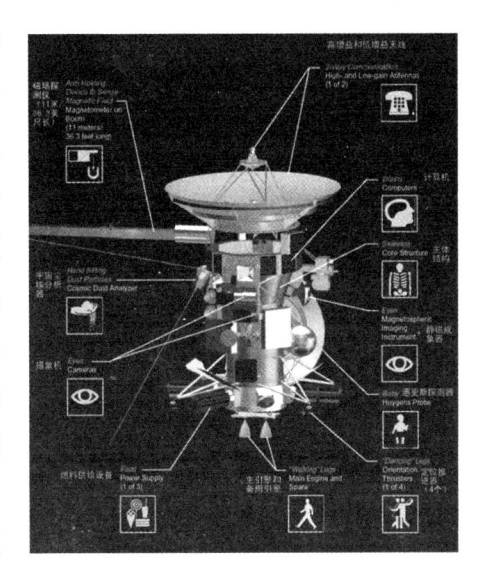

△ "卡西尼号"土星探测器

飞跃神秘的外太空

揭秘火星探测器

火星是距地球最近的行星，探测火星的目的是确认火星的土壤、大气成分及是否存在生命所需要的水资源，因此在火星着陆是火星探测之初就确认的探测方式。由于火星大气密度约为地球大气密度的百分之一，在火星上着陆必须配备巨大的降落伞。

△ 勇气号火星车示意图

早期的火星探测器有苏联的"火星号"和美国"海盗号"探测器，均用大型降落伞实现了软着陆探测。美国在1996年发射的"火星探路者"探测器，在火星着陆后，还向火星表面释放了火星漫游车，实现对火星较大面积的探测考察，发回了壮观的火星全色全景照片，获得了土壤和岩石信息。美国还将开展称为"火星生命计划"的探测活动。日本于1998年发射了"希望号"火星探测器，未着陆，便从环火星轨道上发回了数据。

揭秘火星车

火星车是在火星表面行驶并研究火星表面土壤物理力学性质和化学成分的自动行走装置。利用火星车，可以进行各种科学研究：研究火星某区域的地形、地质和形态特征；确立火星土壤的化学成分和物理——力学性质；研究火星表面辐射和环境状况；沿着移动轨迹获取火星表面图像信息等。第一个在火星表面登陆的火星车，是由"火星探路者"携带的"索杰纳"火星漫游车。

△ "火星探路者"号火星车

"火星探路者"于1996年12月4日发射，经过7个月飞行，于1997年7月4日在火星着陆，着陆地点位于火星的阿雷斯·瓦利思岩石区域。着陆后，探测器的三面侧壁板平摊打开，"索杰纳"火星车驶到火星表面。"索杰纳"火星车的质量为10千克，高约31厘米，6轮驱动，由高能组电池供电。火星车采用激光制导、智能控制，安装了先进的高分辨率摄像机等微型仪器，可对火星表面岩石、灰烬和碎片的组成结构进行考察，收集火星大气、环境和地貌结构数据，进行火星表面图像拍摄等。在地面，控制人员用一台可视化超级计算机对火星车进行管理和遥控。

109

飞跃神秘的外太空

揭秘月球探测器

月球探测器属于空间探测器的一种，指对月球进行探测的无人航天器。月球是地球的天然卫星，离地球最近，理所当然地成为空间探测的首要目标。近期的月球探测，将为空间站之后载人航天的下一步目标——人类重返月球和建立月球基地提供依据。从1959年起，美国和苏联就开始发射月球探测器，至1998年1月美国"月球勘探者"发射成功，全世界共发射成功51颗无人月球探测器。其中，美国发射成功了25颗探测器，主要型号有"先驱者"、"徘徊者"、"月球轨道器"、"勘测者"、"探险者"、"克莱门汀"和"月球勘探者"。苏联（俄罗斯）发射成功25颗探测器，主要型号有"月球"、"宇宙"以及"探测器"系列。日本也于1990年成功地发射一颗"飞天"月球探测器，沿地—月轨道飞行。20世纪50年代末至70年代初，是月球探测的第一个高潮期。20世纪70年代中期到80年代末，月球探测处于低潮，这期间世界各国均未发射月球探测器。1990年，日本成功发射一颗月球探测器后，特别是1994年1月25日，美国"克莱门汀"1号月球探测器的成功飞行，发现月球上可能有水冰存在，可为建立有人月球基地提供基本水源。这一发现大大激发了世界各国对月球探测和开发的兴趣，标志着月球探测又一轮高潮的开始。1998年1月6日，美国又成功发射了"月球勘探者"，该探测器携带有γ射线光谱仪、中子光谱仪、α粒子光谱仪以及磁强计等，探测结果表明月球极区可能存在大量的冰。1999年7月，"月球勘探者"最后与月球南极碰撞溅起的土壤碎粒中并未发现水的踪迹。

何谓"阿波罗"工程

"阿波罗"工程又称"阿波罗"计划,是美国于20世纪60~70年代组织实施的载人登月工程。这一工程的目的是实现载人登月飞行和人类对月球的实地考察,是世界航天史上具有划时代意义的一项成就。"阿波罗"工程开始于1961年5月于1972年12月第6次登月成功结束,历时11年,总共耗资高达255亿美元。在工

△ "阿波罗"11号首次在月环登陆

程高峰时期,参加工程的有2万多家企业、200多所大学和80多个科研机构,总人数超过30万人。整个"阿波罗"工程,包括确定登月方案;为登月飞行做准备的4项辅助计划;研制"土星"运载火箭;进行试验飞行;研制"阿波罗"飞船;实现载人登月飞行。1969年7月20日~21日,由"阿波罗"—11飞船(载3名航天员)首次实现人类成功登月。至1972年12月19日又有5艘飞船登月成功,总共有12名航天员登上月球,创造了人类航天史的辉煌一页。

飞跃神秘的外太空

何谓"嫦娥"工程

"嫦娥"工程分为"绕、落、回"3个发展阶段。"绕"指2006年发射月球卫星,实现环绕月球飞行探测;"落"指2007~2010年发射月球探测器,在月面软着陆探测;"回"指2011~2020年发送月球车,到月面巡视勘查并采样返回。第一步是研制发射"嫦娥"号卫星,建立月球探测航天工程的初步系统。

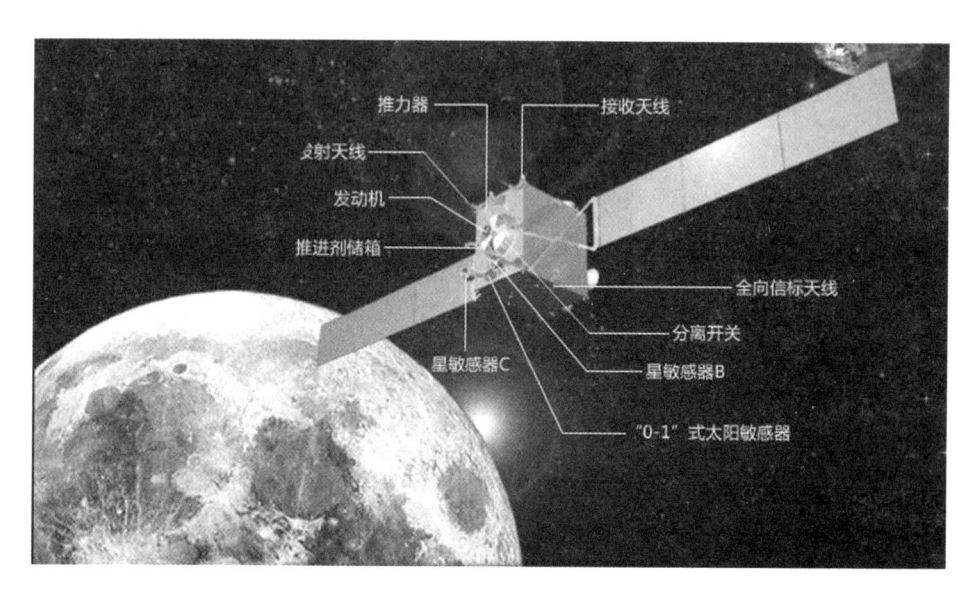

△ 中第一个探月工程——"嫦娥"工程

何谓水星探测器

水星探测是人类利用空间探测器对水星进行的考察。1973年11月3日，美国发射的"水手"10号探测器开始对水星进行探测，旨在了解水星环境及水星表面和大气特征。它3次（1974年3月29日、9月21日，1975年3月16日）飞近水星，拍摄到水星表面约35%的近距离照片，探测到了水星磁场和磁层。由于水星接收到的太阳辐射较地球大10倍，水星本身反射的太阳辐射较地球表面接收到的太阳辐射大2倍，所以水星探测器的热控制要求极高。

△ "水手"10号探测器

测量结果表明，水星表面上密密麻麻地布满了大大小小的环形山，还有一条长达100多千米、宽约7千米的大峡谷，科学家将其命名为"阿雷西博峡谷"。探测中还发现，水星表面磁场约为地球表面的1%，水星磁层顶距其表面约为0.6个水星半径，不能形成辐射带。水星表面温度夜间仅为100K，正午时为700K。水星有一个薄薄的氦离子层，但不存在持久的大气层。至于向水星发射着陆器，有望在21世纪初实现。

飞跃神秘的外太空

何谓土星探测器

土星探测器是对土星进行探测的无人航天器，属于空间探测器的一种。第一个飞越土星轨道的行星探测器是"先驱者"10号，此后，"先驱者"11号、"旅行者"1号和2号相继访问了土星。这些探测器探测了土星及其卫星，探测到土星环的结构，发回了大量土星图片。1997年10月，美国和欧空局联合研制的重2.1吨的"卡西尼"大型土星探测器发射成功，携带了重320千克的"惠更斯"子探测器，开始了长达7年的土星之旅。该组合探测器飞越多个行星，通过借力达到飞越土星所需的能量。"卡西尼"于1998年飞抵金星，2004年到达土星，届时"卡西尼"将释放所携带的"惠更斯"子探测器到土卫六表面着陆，对土卫六进行实地考察，收集土卫六的多种数据。"卡西尼"将绕土星轨道飞行4年，对土星的大气、风、磁场、光环等进行了探测。

△ 卡西尼-惠更斯号进入环绕土星轨道效果图

何谓木星探测器

木星探测器属于空间探测器的一种，指专门或主要用于探测木星的无人航天器。木星是太阳系九大行星中最大的一颗，它有16颗大小不同的卫星，以木星为中心相互作用，运行在各自的轨道上，构成一个独特的微型太阳系模型。由于木星还是唯一一颗释放能量大于吸收能量的行星，科学家把木星当做一个微型太阳系实验室，所以探测木星的意义已远远超过认识木星本身。

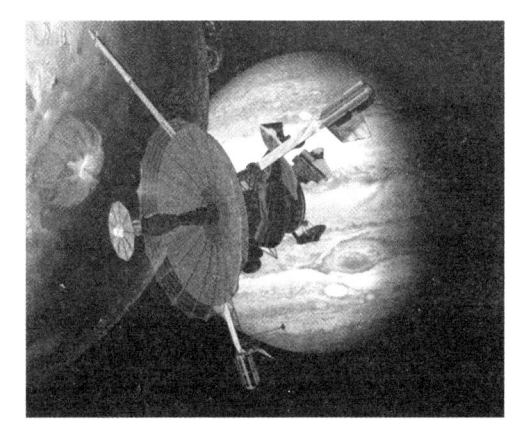

△ "伽利略"飞越木卫1

第一颗探测木星的探测器是美国于1972年3月发射、1973年12月到达木星轨道的"先驱者"10号。接着，1973年4月发射了"先驱者"11号，1974年12月到达木星。1977年美国又相继发射了"旅行者"1号和"旅行者"2号探测器。上述4个探测器都是先到达木星，而后经过土星，完成探测任务后飞离太阳系。其中，"旅行者"2号探测器的飞行方案设计十分完美，除完成对木星、土星的探测外，还首次对天王星、海王星进行了探测，成功地完成了"四星联游"。上述探测器都是在轨道上进行探测，没有着陆器。1989年美国发射了技术更为先进的"伽利略"木星探测器，由子探测器和轨道器两部分组成。1995年7月13日，释放了锥形子探测器，经过5个月的飞行，子探测器于12月7日抵达木星大气边缘，快速冲入木星大气层进行探测，并向轨道器发送探测数据，完成75分钟探测后，坠入木星大气烧毁。这是人类首次在原位测量行星大气。

飞跃神秘的外太空

何谓金星探测器

金星探测器是专门探测金星的空间探测器。金星离地球较近，人类较早实现了对金星的着陆探测。金星的大气密度是地球大气密度的九十多倍，这对于航天器利用大气减速，用降落伞实现在金星上软着陆非常有利。美国、苏联曾较早发射在金星软着陆的探测器。苏联"金星"7号探测器和美国的"先驱者"金星探测器，分别于1970年和1978年在金星上软着陆成功。此后的金星探测大多为轨道飞行探测，主要目的是研究金星是否存在板块构造，是否存在类似地球上大陆板块的巨大地壳运动。美国于1989年发射的"麦哲伦"金星探测器，就是绕金星轨道飞行并未在金星着陆的探测器，获得了97%的金星表面测绘图。美欧联合研制的"卡西尼"探测器，也曾飞过金星。

△ "麦哲伦"号金星探测器

何谓哈雷彗星探测器

彗星探测器是专门探测彗星的空间探测器。彗星中可能含有太阳系诞生时留下的物质，而被称为太阳系的化石。对彗星进行探测，有望揭开太阳系诞生之谜。同时彗星是由冰和尘埃组成，当它飞行靠近太阳时，水蒸气和尘埃会一同喷发出来，因此探测彗星对宇宙空间的影响也是发射这种探测器的目的之一。通过探测彗星，可了解太阳风的物理性质和化学成分。彗星探测器装有摄像机、中子分析仪、离子质量分析仪、等离子体观测仪和测光仪等仪器，可用于探测彗尾中的等离子体密度、温度和重离子特性等。为改变探测器轨道，拦截探测彗尾，探测器往往装有变轨发动机。美国的"国际日地探险者"3号和"星尘号"、苏联的"金星—哈雷彗星号"、欧洲空间局的"吉奥多"和日本的"行星"A等均为彗星探测器，这些探测器分别在距彗星10000千米、3000千米、200千米掠过并探测了彗星。

△ "星尘号"彗星探测器

飞跃神秘的外太空

何谓太阳探测器

在太阳系里，太阳是众行星之王。虽然人类每天都能感受太阳的存在和赐予，但仍对它充满着一种神秘感。太阳炽热的高温，光泽表面上的黑子，巨大的耀斑爆发，深邃奇妙的日冕，以及太阳风等现象，对我们人类来讲仍有着许多未知之谜。

太阳的高温和强辐射给人们观测带来很大困难，探测器也难以到达它的近旁。从20世纪60年代以来，世界各国发射的许多科学观测卫星承担过观测太阳的任务。如美国的轨道太阳观测站、国际日地探险者、太阳峰年卫星等，苏联的预报号、质子号、宇宙号卫星等，都在近地轨道上观测、监视过太阳活动，对人们认识太阳作出了贡献。美国研制的先驱者6～9号探测器，美国和前西德联合研制的太阳神号探测器，在进入靠近太阳的行星轨道上，探测太阳风和日冕的变化。1974年10月20日和1975年12月8日先后发射的太阳神1号、2号，在接近太阳450万千米处，观测了太阳表面及其周围空间发生的各种现象。美国的先驱者10号、11号和旅行者1号、2号，也都肩负有观测太阳的使命。

1990年10月6日，美国发现号航天飞机将尤利西斯号太阳探测器送入太空，把对太阳的探测活动推向一个新的阶段。该探测器重385千克，靠钚核反应堆提供工作能量，共装有9台科学仪器，任务是探测太阳两极及其巨大的磁场、宇宙射线、宇宙尘埃、γ射线、X射线、太阳风等。探测器于1994年8月飞抵太阳南极区域并绕太阳运转，横跨太阳赤道后到达太阳北极。它绕太阳飞行的轨道呈圆形，离太阳最远时为8亿千米，最近时为1.93亿千米。

尤利西斯号绕太阳飞行时，可以对太阳表面一览无余，能够全方位地观测太阳。迄今为止，人类对太阳的探测仅局限在太阳赤道附近区域，对太阳的其他区域特别是两极的情况了解得很少。因此，尤利西斯号的探测成果，将具有重大的科研价值。

载人飞船有什么用途

载人飞船的主要用途如下：

一、进行近地轨道飞行，试验各种载人航天技术，如两艘飞船在轨道上交会和对接，多艘飞船的编队飞行，航天员在空间轨道上走出座舱，在宇宙空间进行舱外作业的试验等。还可以用来考察轨道上失重和空间辐射等因素对人体的影响，积极发展航天医学。

△ 俄罗斯"联盟"号载人飞船

二、用作天地间往返运输器，为空间站接送航天员和运送物资。苏联的"礼炮"号及"和平"号空间站上的航天员都由"联盟"号载人飞船接送。"联盟"号载人飞船每次可接送三名航天员和少量货物。

对载人飞船进行适当修改，撤去航天员及其有关系统，改成无人飞船以后，可以为空间站运送补给物资，苏联曾将"联盟"号飞船改成不载人的"进步"号货船，每次飞行可为空间站送去2t多物资。

三、用作轨道救生艇。航天员在空间站内长期工作，随时都可能出现危险，例如，空间微流星或碎片击穿压力舱舱壁、空间站控制失稳，或航天员突然生病等。当出现上述各种危急情况时，航天员需要立即离开空间站，返回地面。因此，当空间站内有航天员工作时，至少有一艘载人飞船与空间站对接在一起，作为轨道救生艇，随时准备迎接航天员离开空间站，返回地面。由于载人飞船体积小、质量轻，对接在空间站上带给空间站的负担不

119

飞跃神秘的外太空

△ 美国"双子座"7号载人飞船

大,所以是理想的轨道救生艇。

四、可用作需有人参与的军事侦察、地球资源勘测或进行临时性的天文观测。到目前为止,世界上只有三个国家能够建造载人飞船,即苏联(俄罗斯)、美国和中国。苏联共研制和发射了三代载人飞船,即"东方"号、"上升"号和"联盟"号。美国也研制和发射了三代载人飞船,即"水星"号、"双子星座"号和"阿波罗"号。"阿波罗"飞船于1969年7月首次将两名航天员送上月球轨道。

揭秘苏联（俄罗斯）的载人飞船

"东方"号飞船由球形密封座舱和双锥形的仪器舱组成，质量约4.73t，在轨道上飞行时与末级火箭连在一起，总长7.35m。球形座舱直径2.3m，只能乘坐一名航天员，舱壁上有三个观察窗。舱外覆盖了一层防热材料。座舱内有可供飞行10昼夜的生命保障系统，弹射座椅和无线电、光学、导航等仪器设备。仪器舱位于座舱后面，舱内有电池、返回反推火箭和其他辅助设备。返回前抛掉末级火箭和仪器舱，座舱单独再进入大气层。下降到7000m高度时航天员弹出飞船座舱，用降落伞着陆。

△ "东方"号飞船示意图

"上升"号飞船是在"东方"号飞船的基础上改进而成的。它取消了"东方"号体积较大的弹射座椅，改为三把普通的座椅，在座舱外增设了气闸舱，供航天员在轨道上出舱使用，"上升"号最多可乘坐三名航天员。由于受生命保障系统的限制，轨道飞行时间较短。飞船为球—圆柱体，长约6m，直径2.4m，质量5.32t，飞船上装有返回着陆系统、备用制动火箭、辅助定向系统、电视和无线电通信设备等。飞船上有自主式生命保障系统的特制航天服，航天员可以进行舱外活动。"联盟"号飞船由近似球形的轨道舱、钟形座舱和圆柱形服务舱组成，最大直径约2.7m，总长7.5m，质量约6.8t，可

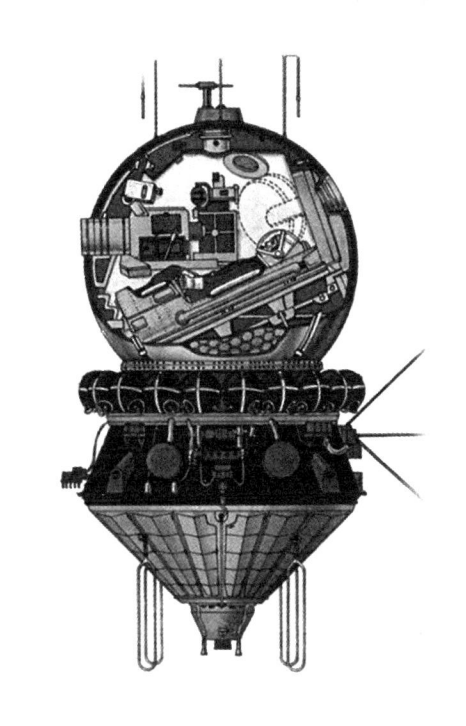

飞跃神秘的外太空

△ "东方1号"宇宙飞船

乘坐二名航天员。"联盟"号飞船的轨道舱前端有对接机构，能与"礼炮"号空间站对接。轨道舱分隔成工作区和生活区两部分，是航天员在轨道上工作和生活的场所。返回舱内有操纵设备、显示仪器、减震座椅、生命保障系统、制动火箭和降落伞等。返回舱表面覆盖一层防热材料，而且是密封的，可在水面上降落。服务舱外装有天线和两个太阳电池翼。在进入返回轨道前，抛弃轨道舱和服务舱，返回舱单独再进入大气层。可操纵座舱，改变攻角以获升力，调节航向以减小着陆偏差。1979年以后，"联盟"号飞船改进为"联盟T"号飞船，1984年又进一步改为"联盟TM"号飞船，为"和平"号空间站接送航天员，并作为"和平"号空间站的轨道救生艇。

揭秘空间站

空间站是可供多名航天员巡访、长期工作和居住的载人航天器，或称为航天站、轨道站。在空间站运行期间，航天员的替换和物资设备的补充可以由载人飞船或航天飞机运送，物资设备也可以由无人航天器运送。它是继载人飞船之后发射的一种大型载人航天器，在离地面几百千米的空间轨道上长期运行。

空间站的结构形式大致可以分为两类：一类称为舱段式；另一类称为桁架式。

一、舱段式空间站

舱段式空间站由数个舱段连接组成，包括居住舱、实验舱、资源舱、对接过渡舱和气闸舱等。其中，居住舱是航天员生活和休息的场所。居住舱内有卧室、餐厅和卫生间。实验舱内安装各种试验设备和观测装置，是航天员进行试验研究和对天对地观测的场所。资源舱用来安装推进系统、气瓶、水箱和电源设备，为整个空间站提供动力和电源。对接过渡舱有多个对接口，可同时停靠多艘载人飞船或其他航天器。气闸舱是航天员在轨道上出入空间的通道。如苏联1986年发射的"和平"号空间站就是舱段式空间站。

舱段式空间站的主体由大型运载火箭一次发射入轨，发射时不载人，入轨后通过无线电遥测，确认空间站的各个系统正常工作后，再用载人飞船或航天飞机将航天员送往空间站。空间站长期在轨道上运行也不返回地面。航天员在空间站执行任务期满后，仍然由载人飞船或航天飞机接回地面。空间站设计寿命到期后，航天员撤离空间站，空间站在大气阻力作用下，轨道高度逐渐降低，最后坠入大气层烧毁。

二、桁架式空间站

桁架式空间站，除拥有舱段式空间站的各种舱段外，它的主要特征是以

飞跃神秘的外太空

△ 国际空间站

长达数十米或上百米的巨大桁架为骨架，各种舱段挂接在桁架上。通常实验舱和居住舱等位于桁架中部，而太阳能电池阵和大抛物面天线等安装在桁架两端。目前，美国、俄罗斯、欧洲、日本、加拿大和巴西等国正在联合建造的"国际空间站"属于这种桁架结构形式。

桁架式空间站规模很大，不可能用运载火箭一次发射入轨，需要运载火箭或航天飞机多次发射，分批将空间站的桁架构件、各种舱段和太阳能电池阵等运到空间轨道上，然后由航天员在轨道上组装。由此可见，桁架式空间站的技术难度很大，但它有刚度大、观测视场好和容易扩展等优点，是未来大型空间结构的发展方向。

空间站有什么用途

由于空间站具有实验室、观测台和维修工作间等多种功能，所以它有广泛的应用前景。空间站的用途大致有下列几个方面：

一、对地观测

人在空间站上通过目视观察，利用便携式相机和多种仪器综合观测地面，可以收到很好的效果。从空间轨道上不仅可以清晰地看见海洋和陆地、山川与岛屿，而且还能看见较小的目标。比如城市、河流、道路、机场及起飞跑道，甚至连街区都清晰可辨。航天员还可以清楚地看到森林火灾、河流污染、台风的形成和走势、鱼群动向等。

借助空间站上的长焦距可见光相机、CCD相机和微波综合雷达等，可以全面探测地球资源、观测河流及海洋的污染，为改善和提高人类的生活水平作出贡献。

从空间站上侦察地面比侦察卫星的效果更好。空间站比卫星大，可以安装大型可见光相机和其他侦察设备，能提高照相分辨力和综合侦察效果；照相侦察卫星寿命短，不能长期对地观测，空间站能长期侦察；空间站上有航天员，可以避开云雾拍照，并可拍摄许多事先没有料到，临时或偶然遇到的重大军事目标。

苏联20世纪70年代发射的"礼炮"号空间站上曾安装了10m焦距的高分辨力相机，对地面进行观测。"礼炮"号空间站上的航天员还协助苏联陆、海、空三军进行军事演习。

二、空间生命科学和航天医学研究

生命科学是随着人类进行空间飞行而诞生的一门新学科。它主要研究在微重力和空间辐射条件下，细胞的分化、生长和衰老现象，以实现生物在空间长期生存。

飞跃神秘的外太空

生命在空间微重力和强辐射环境下的延续与在地面环境下有很大差别。在空间站上种植物、饲养动物，进行空间生物学、空间生物工艺学研究，能揭开生命的奥秘，培养出许多生物新品种，为农业科学开辟新途径。

植物种子的筛选和新品种的寻找具有非常重要的意义，优新品种可以大幅度提高产量。如把植物种子带到太空中去，然后返回地面，经过几代繁殖，观察有无新的、有益的突变类型出现，从中找出粮食、蔬菜和各种经济作物的新品种，这将对农业产生巨大影响。

航天员在空间失重的环境中，全身血液重新分布，新陈代谢发生了变化，骨质疏松，肌肉萎缩。对这些新的人体科学和医学，在空间站上可进行充分研究，发展航天医学，为人类长期定居空间开辟通途。

三、天文观测

空间站又是太空天文台，可以起到天文卫星同样的作用，而且是在有人参与下的天文观测，比天文卫星有更高的效率。

四、微重力材料加工和制药

在空间进行材料加工和制药是空间产业的重要内容。在地面重力的作用下，流体中密度不同的成分会产生沉淀和对流，阻碍精确的分离和充分的混合，无法制造出泡沫合金等特种材料、高纯度的药品和无缺陷的晶体等，但在空间微重力条件下却可以实施。

在地面上人们可采用电泳和电渗析等分离技术，但是其生产速度和产品质量远不如空间。在空间微重力环境中，没有沉淀和对流，电泳产量比地面提高700倍，产品纯度提高4倍，可以制取各种特效生物药品。例如，可溶解血栓、治疗心血管病的尿激酶、治疗糖尿病的B细胞、治疗侏儒病的生长激素、治疗贫血的红血球生成素抗溶血因子、治疗病毒性疾病和癌症的干扰素等疾病。

五、进行新技术试验

利用空间站可以进行通信、遥感、能量转换和推进等各方面的新技术试验。

空间通信的关键是研制大尺寸的轻型空间天线。空间站可以作为大型天线的建造基地。在空间站上有足够的时间进行人工操作和精密装配。在发展空间激光通信和微波通信中,空间站可以作为试验基地,提供实际的工作环境。

在对地观测中,需要用遥感器测量地球大气成分、风速、海洋特性、云层厚度和地貌特征等现象。对地遥感器包括大气污染测量仪、激光雷达、微波遥感器和气象雷达等,发展这些遥感技术,需要一种通用的对地观测遥感技术实验室,而空间站正是适宜的实验室。

近代卫星上的电能大部分来源于太阳,由光电池将太阳能直接转换成电能。随着航天器的发展,对电能的需求越来越大,于是对阳光的聚光要求也就提到日程上来了。利用空间站作基地,在空间装配和试验大型太阳能聚光器是适宜的。

载人空间站还可以提供研究解决微重力环境下的流体管理、低温推进剂的长期贮存、低加速度力的控制等的技术实验室。

六、在轨服务

在轨服务包括后勤服务、舱内操作、检测、维修及舱外的装配和构筑等。航天员长期居住在空间站内,除了对空间站进行维护和修理以外,还可以为其他航天器服务。包括修理失效的卫星、为空间平台更换仪器设备、为各种航天器加注推进剂、建造巨大的空间太阳能电站和大型空间设施等。

在空间可以建造出比在地面上制造大得多的航天器。目前,空间结构的研究重点是展开式结构和装配式结构。展开式虽然不需要在轨道上装配,但其结构刚性不好,多数是挠性体。装配式的优点是结构设计简单,并具有很好的刚性。

空间结构操作首先需要将建造空间结构的材料和部件送入轨道,然后进行结构装配和检测,最后将它们展开或将它们运送到其他工作轨道上去。当空间结构需要改建或扩建时,还要对原有结构进行分解、拆除或修改。

七、作为飞往月球和其他行星的中转站

从空间站上起飞与从地面上起飞相比,可以节省很多能量。从空间站上起飞,没有气动力噪声和气动力载荷,当然也不会遇到地球大气的气动力产生的巨大超重。各种小型航天器平时停泊在空间站附近,执行任务时,由空间站给它们加注推进剂以后,就能飞往地球同步轨道、月球或其他行星。

飞跃神秘的外太空

空间站的发展状况

1971年4月，苏联发射了世界上第一个空间站"礼炮"1号。这是世界上第一个能长期在太空运行的航天器。

苏联从1971年开始先后发射了8个空间站，其中包括7个"礼炮"号空间站和1个"和平"号空间站。1973年5月，美国发射了1个"天空实验室"空间站。这9个空间站都是舱段式空间站，由不同的舱段连接而成。目前这9个空间站都已经先后陨落。

"礼炮"号空间站的主要构件由三级"质子"运载火箭发射上天，"礼炮"1号的总质量约18t，总长约12.5m。对接舱有一个供"联盟"号飞船对接的舱口，航天员由此进出空间站。

"礼炮"号空间站的轨道舱由直径各为3m和4m的两个圆筒组成，它是航天员工作、进餐、休息和睡眠的场所。空间站内航天员最多时达到6人。"礼炮"号空间站一般在200～250km高的轨道上运行，轨道倾角51.6°左右。"礼炮"6号空间站有前后两个对接口，一个对接"联盟"号载人飞船，另一个对接"进步"号无人货船，用于空间站的物资补给，其总长度增加到14m。

1986年2月20日，苏联发射了"和平"号空间站首批舱段。发射时总重约21t，最大直径4.2m。"和平"号空间站首批舱段由对接过渡舱、工作舱、推进服务舱和太阳能电池阵等组成，以后又陆续增加许多舱段。"和平"号空间站除前后轴向各有一个对接口以外，其对接过渡舱的四周还有4个对接口，前后轴向的两个对接口用来对接载人飞船和运货飞船，侧向的4个对接口用来接纳从地面发射飞来的科学专用舱。专用舱首先与过渡舱前端的轴向对接口对接，然后再用机械臂把科学专用舱转移到侧向对接口上。

苏联原计划在"和平"号空间站的基础上对接5个专用舱，但"和平"

号复合体的计划未能按时实现,到1990年仅对接了"量子"1号、2号和"晶体"号舱3个专用舱,复合体总重78t。此后,直到1995年5月和1996年4月才先后发射"光谱"号、"自然"号2个专用舱。到此"和平"号全部建成,总重116t。

"和平"号空间站在空间运行的时间长达15年,完成了大量科学研究项目,并与美国的航天飞机成功对接,俄、美两国的航大员曾在空间站内一起工作。2001年3月23日,"和平"号空间站在完成使命后坠落。

"天空实验室"是美国第一个试验性空间站。1973年5月14日发射,进入离地面435km的近圆轨道。"天空实验室"共接待3批宇航员,每批3人,在空间站内分别工作和生活了28天、59天和84天。用58种仪器进行了270多项天文、地理、遥感、宇宙生物学和航天医学试验研究。

"天空实验室"由轨道舱、过渡舱、多用途对接舱、太阳望远镜和"阿波罗"号飞船(不含登月舱)5个部分组成;全长36m,直径6.7m,质量82t。完成任务后1979年7月12日在南印度洋上空进入大气层烧毁。

1984年1月,美国提出发展国际长期性空间站的建议,计划除美国外,还有西欧、日本和加拿大等国参加研制,取名"自由"号。由于"自由"号空间站的规模大、技术复杂、研制经费不足,故其总体方案经多次简化和调整。

冷战结束后,1993年美国重新评审和修改"自由"号空间站计划,12月正式邀请俄罗斯加盟,在原"自由"号空间站计划的基础上,以美国和俄罗斯牵头,联合欧洲空间局11个成员国(即德国、法国、意大利、英国、比利时、荷兰、西班牙、丹麦、挪威、瑞典和瑞士)、日本、加拿大和巴西(1997年加入)等16个国家共同建造"国际空间站"。

"国际空间站"(International Space Station,简称ISS)总体设计采用桁架挂舱式结构,即以桁架为基本结构,各种增压舱和其他各种服务设施挂靠在桁架上,形成桁架挂舱式空间站。大体上看,"国际空间站"可视为由两大部分立体交叉组合而成:一部分是以俄罗斯的多功能舱为基础,通过对接舱段及节点舱,与俄罗斯服务舱、实验舱、生命保障舱、美国实验舱、日本实验舱、欧洲空间局的"哥伦布"号轨道设施等对接,形成空间站的核心

飞跃神秘的外太空

△ "和平"号空间站

部分；另一部分是在美国的桁架结构上，装有加拿大的遥控操作机械臂服务系统和空间站舱外设备，在桁架的两端安装四对大型太阳能电池帆板。这两大部分垂直交叉构成"龙骨架"，不仅加强了空间站的刚度，而且有利于各分系统和科学试验设备、仪器工作性能的正常发挥，有利于航天员出舱装配与维修。

"国际空间站"的各种部件是由各合作国家分别研制，其中美国和俄罗斯提供的部件最多，其次是欧洲空间局、日本、加拿大和意大利。这些部件中核心的部件包括多功能舱、服务舱、实验舱和遥控操作机械臂等。

俄罗斯研制的多功能舱（FGB）具有推进、导航、通信、发电、防热、居住、贮存燃料和对接等多种功能，在"国际空间站"的初期装配过程中提供电力、轨道高度控制及计算机指令；在"国际空间站"运行期间可提供轨道机动能力和贮存推进剂。

俄罗斯服务舱作为"国际空间站"组装期间的控制中心，用于整个"国际空间站"的姿态控制和再推进；它带有卫生间、睡袋、冰箱等生命保障设施，可容纳3名宇航员居住；它还带有一对太阳能电池板，可向俄罗斯部件提供电源。实验舱是"国际空间站"进行科学研究的主要场所，包括美国的实验舱和离心机舱、俄罗斯的研究舱、欧洲空间局的"哥伦布"号轨道设施和日本实验舱。舱内的试验设备和仪器大部分都是放在国际标准机柜内，以便于维护和更换。此外，还有意大利研制的多功能后勤舱，加拿大研制的长17.6m、能搬动质量为20t左右、尺寸为18.3m×4.6m有效载荷的遥控操作机械臂，可用于空间站的装配与维修、轨道器的对接与分离、有效载荷操作以及协助出舱活动等，在"国际空间站"的装配和维护中将发挥重要作用。

"国际空间站"的建造大致可分为三个阶段：

第一阶段（1994～1998），美国、俄罗斯两国完成航天飞机与俄罗斯"和平"号空间站的9次对接飞行。美国航天员累计在"和平"号空间站上工作了2年，取得了航天飞机与空间站交会对接以及在空间站上长期进行生命科学、微重力科学实验和对地观测的经验，可降低"国际空间站"装配和运行中的技术风险。

第二阶段（1998～2001），"国际空间站"达到有3人在轨工作的能力。1998年11月20日，俄罗斯从哈萨克斯坦的拜科努尔航天发射场用"质子"号火箭将"国际空间站"的第一个部件"曙光"号多功能货舱（FCB）发射入轨，从而拉开了"国际空间站"在轨装配的序幕。同年12月4日，美国"奋进"号航天飞机将"国际空间站"的第二个部件"团结"号节点舱（又称1号节点舱）送入轨道，6日成功地与"曙光"号对接。2000年7月12日，"国际空间站"的核心组件、俄罗斯建造的"星辰"号服务舱发射入轨。同年11月2日，首批3名航天员进驻空间站，"国际空间站"开始长期载人。11月30日，美国"奋进"号航天飞机为"国际空间站"送去两块翼展达72m、最大发电量为65kW的大型太阳能电池帆板。2001年2月7日，美国的"命运"号实验舱由"亚特兰蒂斯"号航天飞机送入轨道。4月23日，加拿大制造的遥控操作机械臂与"国际空间站"顺利对接成功。7月12日，美国"亚特兰蒂斯"号航天飞机把供航天员出舱活动的气闸舱送入轨道。至此，美国和俄罗斯等国经过航天飞机、"质子"号火箭等运输工具15次的飞行，完成了"国际空间站"第二阶段的装配工作。

第三阶段（2001～2006），原计划"国际空间站"将完成装配，2007年建成，达到6～7人长期在轨工作的能力。此阶段先组装美国的桁架结构和俄罗斯的对接舱段，接着发射日本"希望"号实验舱和欧洲空间局的"哥伦布"号轨道设施等。由于2003年2月1日"哥伦比亚"号航天飞机的失事，9段桁架中只安装了3段，被迫中止，第三阶段计划显然被推迟了。2005年1月28日，美国、俄罗斯、欧洲、日本和加拿大5大航天机构的主管在加拿大蒙特利尔商讨后承诺，他们将在2010年完成国际空间站的建设。在2005年7月26日停

飞跃神秘的外太空

△ 国际空间站上的机器手臂正在把舱外活动的宇航员送到要去的地方

飞两年半后，"发现"号航天飞机首次恢复飞行，给空间站带去补给品和需要更换的陀螺仪。但这次试验性飞行并不顺利，竟是一波三折。起飞时仍然存在隔热泡沫塑料从外挂燃料箱上脱落和部分防热瓦损坏问题。2003年2月就是因为脱落的泡沫塑料，击碎"哥伦比亚"号机翼前缘的防热瓦，造成"哥伦比亚"号在返回时空中解体而失事。"发现"号航天飞机与"国际空间站"对接后，经过在太空中检查和修理，几经周折，终于在8月9日安全返回地面。但空间站的装配却未能如期恢复。美国官方宣布，航天飞机将于2010年完成"国际空间站"装配任务后退役，停止使用。

装配完成后的"国际空间站"约长110m，宽88m，大致相当于两个足球场大小，总质量达420~470t，将是有史以来规模最为庞大、设施最为先进的人造"天宫"，它运行在倾角为51.6°、高度为397km的轨道上，可供6~7名航天员在轨长期工作。之后，按原计划"国际空间站"将开始一个至少为期5年的载人运行期，预计总投资会超过1000亿美元。

空间站与载人飞船的区别

无论在体积、重量和功能上空间站都与载人飞船有很大的不同。空间站由多舱段构成，技术要求更高，设备更完善。在它长期运行期间，宇航员可以替换，物资设备也可以补充。

如果说人类航天活动的最终目的是扩大人类的生存空间和活动领域的话，那么第一步就是探索把人送上天的途径，载人飞船的发展就是能够把人送上天的有效途径。而载人飞船是一种能够保障宇航员在太空生活与工作以执行航天任务并安全返回地面的航天器，可以单独作为人类航天活动的飞行器，也可以作为人类往返于太空和地球之间的太空"渡船"，当然还可以同其他航天器在太空对接组成大型复合航天器。在载人航天器中，飞船技术也是相对的比较简单、容易实现的，因此各国在发展载人航天技术中，都是从载人飞船入手的。但是在发展到一定的时候就发现，尽管载人飞船能够把人送上天，使人在太空安全地工作和生活，而且能够安全地返回地面，但是也有它的不足之处。就是它的体积与空间站相比要小得多，比如俄罗斯的"联盟号"飞船，它由3个舱段组成，而能够供宇航员居住的只有两个舱段，一个是返回舱，一个是生活舱。这两个舱段总共能提供6立方米的有效容积。在飞船起飞时，3名宇航员坐在返回舱内，在这个舱段，当然谈不上什么居住，他们实际上被"绑"在与我们经常看到的三轮摩托车挎斗外形相似，但尺寸要小得多的座椅内，身体蜷曲，且系上安全带，一动也不能动，而航天飞机的座椅不过就是两块钢板，上面覆了薄薄一层垫子而已，其滋味的不好受是可以想象的。好在时间不长，飞船进入轨道后宇航员就可以进入生活舱，即使是在这里，充其量也只有6立方米的有效空间，所以宇航员的活动受到较大限制。

同时，由于飞船的体积所限，飞船自身能够携带的燃料和供宇航员生活

飞跃神秘的外太空

△ "礼炮"号空间站

的必需品，如食物、水和氧气也都很有限，受到这些条件的限制，最多飞行几天、十几天，因此飞船不可能单独地长时间地在太空飞行。而人类已不满足航天活动只局限于在太空的短暂飞行，为了人类的航天理想和目标，人类又向新的高度攀登，寻求能够在太空长期生活与工作的基地。载人飞船显然已经不能满足这些需求，因此航天活动的第二步就是发展各种类型的空间站。

虽说载人飞船与空间站相差很远，但是也不能说载人飞船就没有什么用途了，在今后的发展中载人飞船也是不可少的，它要作为运送人员和货物的太空渡船。

空间站的类型

空间站主要有以下几种类型。

一、单一式空间站和组合式空间站

从目前发展的空间站来看，第一步是单一式的。所谓单一式的空间站，就是由运载火箭把整体的空间站直接发射入轨，在空间站上有对接口，可以与其他航天器进行整体的对接。什么是对接呢？对接实际上就像小孩子玩的"积木"或者是"变形金刚"，它可以有一个主体，然后在它的上面一个一个地再组合许多其他的部分，形成一个更大的玩具一样。空间站对接后就能组成更大的空间站，当然它比玩积木要复杂得多。空间站发展的第二步就是组合式空间站。所谓组合式的空间站是更大型的空间站，由于太大，不可能整体地被发射上去，而是由多枚运载火箭多次发射，一部分一部分地分别发射上去，然后在轨道上进行组装。美国与苏联的空间站都是从发展单一式空间站开始的，利用它为建造实用型的组合式永久性载人空间站探索和试验一些更为复杂的相关技术。

二、永久型空间站

人类第三步的目标就是建立长寿命、有人职守的永久型的空间站，这种空间站和一般的空间站相比，具有很多的不同和一系列的优点。

空间站实际上就是一个人类设置在太空的地球村，人类可以在这里居住、生活，这可是真正的生活，它不像载人飞船那样，受到各种限制。空间站的体积大，携带的物品多，而且消耗完了有可以再补充的能力，因此它可以在太空飞行很长的时间，几年、十几年甚至几十年。正是由于这种长期的生活，必须使宇航员的生活环境得到以改善，因此在空间站内的设施以及提供生活必需品的方法也与飞船有很大的不同，比如他们的吃饭、睡眠、工作、学习甚至娱乐都得到了很好的安排。更特别的是，他们所用的水和氧气

飞跃神秘的外太空

△ 宇航员在空间站进餐

除了由地面携带上去以外，大部分是自生的，甚至他们还在空间站内部种植蔬菜，保证自己的食用和改善生活。如果忽略空间效应的影响，他们的生活几乎与地面上一样了。

空间站的居住条件比起飞船要好得多，可以称得上是真正的居室，就以苏联的"礼炮7"号空间站为例，可居住的空间达90立方米，这差不多与我们地面的居室一样大了，而且里面的设施更加先进和完善，因此宇航员可以比较舒服地长期生活，这在我们下面的介绍中可以体会到。如果把飞船比做太空中的普通旅馆，那空间站就是上星级的大饭店了。

空间站对门窗的要求

　　空间站的舱门有着特殊的要求。首先宇航员进出的舱门要保证可靠的密封，而且能够快速拆装，这种门开关的次数比较多，属于一种活动舱门，当需要打开时应保证快速，而当需要关上时，要保证可靠的密封，否则舱内气体泄漏到外界真空，会直接威胁到宇航员的生命安全。在空间站的舱段上开有数个观察窗，这使宇航员在舱内能够看到天空、地球以及前后左右的外界情况。观察窗对于宇航员来说太重要了，在空中作业时需要对星空及地球进行观测，在交会对接中需要对前后左右进行观测，控制空间站的前后左右移动。

△ 航天飞机与国际空间站对接

空间站怎样控制

空间站怎样控制

空间站的制导与控制系统也是一个极其重要的系统,要求它完成的工作内容有许多方面,制导与控制系统的工作好坏,直接关系到空间站的成败。这是因为在空间站的发射阶段、轨道飞行阶段,以及与其对接航天器的返回部分,在返回过程中都需要对整个空间站及返回部分进行控制,控制失灵,就有可能不能返回地面,造成不堪设想的后果。

概括说来,空间站的制导与控制系统主要完成以下几个功能:

一、入轨后正常的飞行控制

在轨道运行段,即使是正常情况下也要进行控制,这包括了对空间站的运动控制和姿态控制。空间站在轨道上飞行时,由于大气的影响,轨道高度会逐渐变低,如果不加控制就会向地球坠落,因此需要补充能量,控制其变轨,提高轨道高度,也叫做轨道维持。当空间站需要与其他飞行器交会对接时更需要控制,为了使空间站与要对接的飞行器对准方向,要控制空间站做一些运动,以完成对接任务。

另外一方面,空间站在轨道飞行时处于失重状态,如果不加控制,它就要做随意的翻滚,这是决对不允许的。因此空间站飞行时有3个旋转轴,分别为滚动轴、偏航轴和俯仰轴。在正常运行中,不允许它绕任何一个轴有大的转动,或者转动的值不超出允许的范围,这样的一种控制称为三轴姿态稳定控制。

当空间站上装有太阳能电池帆板时,要求帆板在空间站运行中不停地转动,使帆板的平面与太阳光的入射线尽量垂直,此时的发电效率最高,因此当空间站围绕地球转动时,帆板要围绕自身的轴相对空间站而转动,始终使它的平面朝向太阳。

二、空间站与其他飞行器交会对接时的运动控制

1.什么是交会对接

载人空间站的交会对接可以说是空间站与其他的飞行器连接的唯一方法和手段，而且也是一个基本功，还是一项极其复杂和要求很高的技术。交会对接在载人航天技术中占有重要的位置。

我们从前面的介绍也看到了，无论是俄罗斯的空间站，还是美国的空间站，它们都不是长时间的单独运行，而是要与其他的飞行器组成一个整体，这就要靠交会对接技术。

如果仔细推敲，交会和对接是两个概念。交会是指使一个空间飞行器与另一个飞行器在规定的同一时刻、以相同的速度到达空间轨道上的预定位置的过程，说得再通俗一点，就好比两个人要共同完成一件工作，约好在什么时间、什么地点见面一样。对于空间站也是如此，交会只是使它们到了一起，以相同的速度和方向飞行，但是并没有连接在一起。而对接呢，是指两个已经交会的空间飞行器通过彼此的专门机构使它们在结构上连接成一体过程。只有可靠的连接并保证密封，才能打开舱门，才能进行宇航员的换班和物资的交接。可以看出，交会是对接的基础。美国和苏联都进行了大量的工作和多次的试验才掌握了交会技术。

交会对接过程是发射一个飞行器与已经在轨道飞行的飞行器如空间站进行交会对接，我们通常把已经在轨道上飞行的飞行器比如空间站称做目标飞行器，而把要与这个飞行器对接的飞行器比如飞船或者航天飞机称做对接飞行器。实现两个飞行器的交会对接有很多的步骤和条件限制。

要想实现两个飞行器的交会，对对接飞行器的发射时刻就提出了苛刻的要求，这是因为一个飞行器比如空间站已经在空间围绕地球飞行着，它有固定的轨道和轨道周期，在它围绕地球转动的同时地球也在不停地转动，而要与它进行交会的飞行器是从地球上发射，当它竖立在发射台上时就与地球一起转动，发射后它要逐渐接近和赶上空间站也就是目标飞行器。那什么时间发射、发射后要按什么轨道飞行它们才能在规定的时间地点会合，这就不是随意的了，因此什么时间发射就有了严格的限制，发射后它们之间的位置关系就确定了。比如必须从上午10点30分到10点35分这一段时间内发射，才能

保证所发射的飞行器在规定的时间内飞到规定的位置,刚好空间站也飞到这个位置,这之间只有5分钟的时间间隔,这个允许的发射时间间隔还有一个名字,我们称它为"发射窗口"。你看,只有在这个窗口内发射才能交会,这个窗口的大小,不同的飞行器、不同的发射位置是不同的,但都是非常严格的。可能有人问,如果没准备好,错过了这个时间怎么办?那就对不起了,这一次就不能进行发射,要等到下次空间站再飞到同一个位置时再发射对接飞行器。

2.交会对接危险吗

许多人认为航天器在交会对接时很危险,因为它们飞行的速度极快,在这样的高速之下对接航天器当然是件很危险的事。其实并非如此,航天器的高速度是它的绝对时速,这不会给对接造成任何危险,只有航天器与它所要对接的目标之间存在相对速度才有可能造成危险。而交会工作的任务之一就是让两个飞行器以相同速度飞行,也就是使它们的相对速度几乎为零,所以只要相对速度掌握好,对接准确,即使它们的飞行速度再快也没有危险。

3.交会对接的过程

交会对接是个复杂的过程,概括起来可以把它分成几个阶段:

远距离引导。飞船发射入轨后与空间站在太空的相对位置就确定了,而它们的距离却相距很远,而且不在同一个轨道上飞行,因此第一个工作就是远距离的引导,这主要靠地面的测控站与飞船上的测控系统配合进行。首先修正由于火箭的制导精度给飞船带来的各种误差,然后飞船在一定的位置加速使它从发射时的椭圆轨道进入一个更高的圆形的轨道,引导飞船不断地加速变轨,使它们之间的相对位置满足进行交会的最佳要求。并且不断向空间站靠拢,使两者的距离在100千米左右的范围内。

近距离引导。在这个阶段中,飞船及空间站上都装有各种无线电交会雷达设备及光学设备,并且在相互的作用范围内彼此看得见,依靠这些交会设备使飞船能够发现目标即空间站,并且加速跟踪它和逐渐地接近它,这时它们之间的距离已经越来越近了,近到在500米的范围内。

停靠阶段。当两个飞行器的距离逐渐接近在100~300米以内时,飞船以每秒1.5~3米的相对速度进入停靠阶段,此时的飞船相对于空间站而言,可能有位置和角度的偏差，因此要想进行上下左右的平移控制和角度的调整，并慢慢地向前靠，当到达大约100米的距离内飞船停止前进，此时两个飞行器的相对速度为零，一个在前，一个在后，一起在轨道上飞行。

　　壮观的对接时刻。此时它们之间的距离是如此的近，最后的关键时刻到了，两个飞行器在雷达和瞄准器的作用下慢慢靠近，再靠近，终于相遇了，当两个飞行器的对接机构接触后，对接机构的锁紧装置把它们拉住并逐渐地收拢锁紧，两个飞行器的对接面达到密封的程度，使两个飞行器紧紧地连接在一起了。

　　这个对接的过程是相当复杂和必须十分精确小心的，这是因为不光是两个飞行器到达一起就行了，在两个飞行器的对接面上有多个电缆的插头、插座，每一个插头上又有几十个插针、插孔，还有气体、液体的连接管路，都要一个不错地连接好。全部连接好之后的飞船和空间站已经联成一体，共同在轨道上飞行。然后宇航员打开舱门，飞船上的宇航员进入空间站，而空间站的宇航员进入飞船，并把空间站上已经经过试验的装置装在飞船上，把飞船上从地面带上去的物品及新的试验装置送上空间站，进行交接和换班。

　　我们可以想象得到，交会对接是一项极其复杂的技术，为了掌握交会对接技术，俄罗斯自家的空间站之间，飞船与空间站之间进行过多次的试验，美国人同样如此，俄罗斯和美国也做过联合飞行，完成交会对接任务。

　　尽管对接这么仔细，但是稍不注意仍然会出问题，轻则对接失败，重则出现险情。

　　三、返回舱返回地面时的控制

　　当空间站上的返回部分如对接后的飞船或其他的返回飞行器需要返回地面时，要控制的内容就更多了。首先要实现返回飞行器与空间站本体的分离，为了使它能够进入返回轨道，要使它转过一个特定的角度，然后发动机工作，使它脱离运行轨道，进入返回轨道方向。

　　在返回舱的返回过程中，仍然需要控制，使它按规定的姿态飞行，像"联盟"号飞船要保持大头朝前的飞行姿态，而且在返回过程中还要不断地控制其摆动，目的是调整它的落点，准确着陆。而航天飞机的返回仍然需要控制。

飞跃神秘的外太空

世界主要航天发射场简介

一、拜科努尔发射场

拜科努尔发射场始建于1955年，是世界上大型的发射场之一，位于哈萨克斯坦共和国的拜科努尔市西南288千米，东西长80余千米，南北宽30余千米，场区地形起伏，是人烟稀少的半沙漠草原区。它是苏联最大的导弹和航天器发射场。1957年10月4日第一颗人造卫星"人造地球卫星"1号、1961年4月12日第一艘载人飞船"东方"1号、1974年4月19日第一座空间站"礼炮"1号均从这里升空。

拜科努尔发射场的主要任务是发射载人飞船、卫星、月球探测器和行星探测器，进行各种导弹和运载火箭的飞行试验。另外，还进行拦截卫星和部分轨道轰炸系统的试验。洲际导弹飞行试验的落点在堪察加半岛和太平洋中部水域。

二、普列谢茨克发射场

普列谢茨克发射场建于1957年。该基地位于俄罗斯白海以南300余千米的阿尔汉格尔斯克地区。早期是洲际导弹的作战基地，从1966年起才使用4种火箭和9座发射台来发射大倾角的侦察、电子情报、导弹预警、通信、气象和雷达校准等卫星，其中三分之二为军用。在苏联时代，是世界上发射卫星最多的发射场，发射次数达到全世界总数一半左右，繁忙时一天发射两枚运载火箭。由于该基地不进行载人飞行器的发射，因此发射操作的自动化程度很高，每年的发射次数平均是拜科努尔发射场的1.5倍。在普列谢茨克发射场发射的航天运载火箭有"东方"号、"联盟"号、"闪电"号、"宇宙"号等。

三、卡纳维拉尔角发射场

卡纳维拉尔角发射场设在美国东海岸佛罗里达州的卡纳维拉尔角（以下

△ 俄罗斯拜科努尔发射场

简称卡角），归美国空军管辖。自然条件好，海拔高度为3m。卡角发射场包含有肯尼迪航天中心。其该中心由美国航空航天（NASA）管辖。发射场纬度较低，向东发射火箭，可利用地球自转附加速度，提高运载能力。沿东、南方向的海、空运输几乎不受任何影响，附近的海岛还可用作跟踪测控站。

1950年7月，卡纳维拉尔角首次发射了一枚火箭。此后，进行过"宇宙神"火箭、"大力神"火箭、"宇宙神—阿金纳"火箭、"侦察兵"火箭、"土星"1号B型火箭、"土星"5号火箭等发射。从卡角进行的航天器发射任务，包括了美国所有向地球同步轨道的发射任务。从这里还发射过"阿波罗"号飞船、"天空实验室"、不载人行星和行星际探测器，及科学、气象、通信卫星等。因此，卡角是美国航空航天局的载人与不载人航天器进行飞行前试验、测试、总装和实施发射的主要基地。

目前，卡角所使用的发射阵地共有7个，大体可分为两类：一类是原有导弹发射阵地经过部分改装而成的。许多导弹已结束了研制试验，原来的试验

飞跃神秘的外太空

△ 位于美国卡纳维拉尔角的肯尼迪航天中心

发射阵地经过适当改装，即可用作航天器发射场；另一类是专为航天发射而新建的，如36号"宇宙神—半人马座"火箭发射阵地，34号"土星"1号火箭发射阵地，37号"土星"1号B型火箭发射阵地。

多年来，火箭及飞行器的装配、飞行前测试和起竖工作都是在发射台上完成的。但由于飞行器日趋庞大、复杂，测试项目繁多，发射场地处海边，露天工作的气候环境难以得到保证，一次发射往往要花去几个月乃至十几个月的时间，导致发射场的利用率太低，发射台的发射频率也低。

针对上述问题，对39号发射阵地的设计采用了与以往不同的新的方式——活动发射平台方案。它取消了水平测试，在一个巨型厂房内，把整个飞行器（火箭）放在一个活动发射平台上进行垂直总装、测试和进行发射前各项准备工作。仅于发射前两周，甚至更短的时间才将活动发射平台连同垂直状态的飞行器（保持测试连接状态）一起用运输车运往发射场（39号阵地有A、B两个发射区），在发射场上只进行加注推进剂、必要的射前检测，即实施发射。39号阵地承担了"双子星座"号飞船、"阿波罗"号登上计划的全部发射任务。

运输车为履带式平板车。长41.2m，宽34.7m；动力装置为两台2022.6kw的柴油机，带动4台1000kw的发电机，驱动16台牵引电机；自重2722.5t；驮运能力5422.5t，总质量达8165t。

登月计划完成后，39号阵地经改建后承担了航天飞机的各次发射和试验。

四、范登堡空军基地

范登堡空军基地位于美国加利福尼亚州南部海岸，海拔高度约110m，面积约280km2。该基地最初为战略导弹发射基地，于1958年12月发射了第一枚"雷神"中程导弹。之后，又发射了第一枚洲际导弹"宇宙神"D型。由于其地理位置可以向西发射高倾角轨道和极轨道卫星，弥补了肯尼迪航天中心只能向东发射的不足，所以后来被选为美国第二个航天飞机发射场。

范登堡空军基地的航天发射设施的种类与卡纳维拉尔角的种类差不多，自1959年至1996年共发射了450颗各类卫星，同时也是航天飞机的主要着陆场。

范登堡空军基地的航天飞机发射场，不使用飞行器装配大楼，也不使用活动发射台，与以往固定式发射台上的组装方式相同，将航天飞机轨道器的各个部件一个一个竖起来，装上发射台。其地面跟踪系统布在加利福尼亚海岸和太平洋诸岛上。由雷达跟踪、光学跟踪、遥测接收机、通信设备等组成。

五、库鲁发射场

库鲁发射场位于南美洲北部法属圭亚那中部的库鲁地区，在沿大西洋海岸的一片狭长草原上。由于发射场紧靠赤道，纬度低，对火箭发射具有很大益处：第三子级火箭不必二次启动；相同发射方位角的轨道倾角小，远地点变轨所需要的能量小，增加了地球同步轨道的有效载荷；向北和向东的海面上有一个很宽的发射弧度；人口、交通、气象条件等均较为理想。库鲁发射场是目前法国唯一的航天发射场，也是欧洲空间局（ESA）开展航天活动的主要场所。库鲁发射场1966年动工兴造，1971年建成，1979年12月"阿丽

飞跃神秘的外太空

亚娜"运载火箭在这里首次发射成功，至今该系列承揽了全球一半以上的商业卫星发射。

目前，航天中心建有"阿丽亚娜"第一、第二、第三发射场，欧洲有百余枚"阿丽亚娜"系列运载火箭都从这里发射。但是该发射中心迄今还没有承担过载人航天发射任务。

六、种子岛发射场

种子岛发射场位于日本本土最南部种子岛的南端，1974年建成。它在竹崎和大崎有两个发射场地，占地6.8km2，拥有发射塔、控制中心、静态点火试车台和火箭与卫星装配车间等技术设施，是日本最大的航天发射场。日本大多数试验卫星和应用卫星都在这里发射，而相邻的鹿儿岛航天中心主要是发射科学探测卫星。由于日本渔民的反对，这两个发射场只能在每年的1月、2月、8月、9月渔业淡季时进行发射活动。

△ 法属圭亚那的库鲁航天发射中心

七、斯里哈里科塔发射场

斯里哈里科塔发射场是印度的导弹试验和卫星发射场，位于印度南部东海岸斯里哈里科塔岛。发射场于1979年正式使用，1980年7月18日印度用自制的火箭成功发射人造卫星，成为世界上第六个自行发射卫星的国家。

中国主要航天发射场简介

一、酒泉卫星发射中心

酒泉卫星发射中心建于1958年,原为导弹武器试验靶场,位于甘肃酒泉以北的戈壁滩,海拔约1000m,是中国第一个卫星发射场。拥有完整的卫星、火箭测试发射系统,高精度的跟踪测量设备,先进的控制、指挥、计算系统和配套的保障设施。一年中适合航天发射的天数高达320天。该发射场的主要任务是发射大倾角、中低轨道各种试验卫星和应用卫星,也是中国载人航天飞船的发射场和副着陆场。酒泉卫星发射中心为中国航天事业作出了一系列重大贡献,以"九个第一"载入史册:发射第一枚导弹;发射第一枚自制的火箭;发射第一枚导弹核武器;发射第一颗人造地球卫星;发射第一颗返回式卫星;实现了第一次远程火箭向太平洋的发射;第一次发射"一箭三星";第一次向国外用户提供搭载服务;第一次发射载人航天飞船并顺利返回。中国的卫星中,有2/3是从这里上天的。

△ 酒泉卫星发射中心

为了发射载人航天飞船,发射场进行了扩建,增加了新的发射工位,新建了有两个工位的垂直装配大楼和配套的相应设施,使中心成为世界著名的

飞跃神秘的外太空

△ 西昌卫星发射中心

航天发射场之一。

二、西昌卫星发射中心

西昌卫星发射中心于1970年开始筹建，1983年建成，是中国纬度最低的航天发射场（地理纬度仅28°左右），所以目前专门用于发射地球静止卫星。它位于西昌市西北65km的幽深峡谷中，四季如春、雾日极少、能见度极高，是卫星出发的理想"起点站"。中心共有测试发射、指挥控制、跟踪测量、通信、气象和技术勤务六大系统，拥有上万台各种设备仪器。两座高大的发射架分别用来发射"长征"2号、"长征"3号和"长征"2号E型、"长征"3号B型捆绑式火箭。为适应对外发射服务，西昌卫星发射中心建成亚洲最大的卫星厂房。1990年4月7日，成功地用"长征"3号火箭将美国研制的"亚洲"1号通信卫星送上地球同步转移轨道，圆满地完成我国第一次走向世界的商业发射。西昌卫星发射中心经过适当改建可用于发射月球探测卫星。

三、太原卫星发射中心

太原卫星发射中心位于山西省的西北部，距离太原市284km。海拔1400～1900m，其东部、南部和北部三面环山，西边是黄河。这里气候寒冷干燥，冬天时间长，夏天时间短，年平均温度为10℃左右。太原卫星发射中心适合发射多种卫星，特别是低轨道卫星和太阳同步轨道卫星。发射中心配有完善的火箭和卫星测试厂房、设备处理间、发射操作、飞行跟踪及安全控制、通信指挥、数据传输等设施。到目前为止，太原卫星发射中心已经分别用"长征"4号A型和"长征"4号B型运载火箭和"长征"2号C/SD型运载火箭成功地发射了我国的太阳同步轨道气象卫星、资源卫星以及美国的12颗"铱"星。

发射场测控通信系统的组成和工作特点

发射场的测控通信系统是发射场的重要组成部分，同时也是航天测控网的重要组成部分。它包括跟踪测量通信系统、指挥控制中心、安全控制系统、数据传输和指挥调度系统。其主要任务是对运载火箭在上升段飞行过程中的跟踪、测量、航天器与地面之间的通信、安全控制、数据实时收集处理、测量数据的事后处理、与上级指挥测控中心的沟通等。首区测控系统的作用范围一般为2000~3000km。

首区的跟踪测量包括两部分：一是测量火箭上升段的飞行轨道参数，如坐标、速度等，称为外轨道测量，简称"外测"；二是测量火箭和航天器内部各系统工作状况（如果是载人航天飞行，还要测飞船的环境参数、航天员的各种生物学参数、语音传输和飞船内的实况图像下传等），这种测量称为内轨道测量，简称"内测"。

对火箭的外测一般采用两种手段：一是用光学设备的跟踪测量（简称光测）；一是用无线电设备的跟踪测量（简称雷测）。对火箭的内测一般采用无线电遥测和磁记录来实现。

首区的跟踪测量和安全控制有以下工作特点：

一、首区测控通信系统的工作对象主要是本首区发射的运载火箭和航天器。从火箭起飞直至运载的航天器和有效载荷入轨，对火箭实施跟踪测量、监控和天地之间的通信。对其他首区发射的运载火箭，且又是在本首区可测控范围，在全国测控网的组织下，完成所赋予的部分测控任务。

二、火箭在上升段是带有很大加速度的飞行过程。要测量其轨迹，即确定火箭每一时刻的位置和速度，则必须测得反映其在空间的位置和速度的量。而且测站距离目标较近，测站对目标跟踪的角速度和角加速度较大，使跟踪测量的工作难度加大，不同于跟踪靠惯性在轨道上运行的航天器。

149

飞跃神秘的外太空

△ 发射场

三、跟踪的目标处于加速阶段，姿态变化也大，且易受火焰衰减和地面杂波干扰，后续状况的未知因素多，不像在轨航天器那样按一定轨道平稳飞行，预测性好。

四、正因为火箭在上升段时间短，没有重复测量的机会，故要求测量设备和测量工作的可靠性要高，做到每次发射都测量成功，要求所有参加测量的人员工作熟练程度要高。

五、火箭及其有效载荷造价昂贵，责任重大，尤其在安全控制过程中，既不能把"好箭"炸掉，又不能把"坏箭"漏掉，还要保护好航区内的重要地面目标。

六、发射场测控系统的重要任务之一是通过测量数据的事后处理，获得高精度的火箭飞行轨迹数据，以鉴定火箭控制系统的制导精度。因此要求测量设备本身的测量精度要高，数据处理的技术要完善。目前测距精度可达到$0.1 \sim 0.2$m；测速精度可达到$0.01 \sim 0.02$m/s。

发射场的光学跟踪测量设备

一、火箭发射的摄影记录

在发射台周围不同角度、不同距离的若干个点布有高速摄影机、电影摄影机、摄像机等器械,从火箭发射的倒计时开始,对火箭发射的全过程进行实况记录。这种实况记录可以是人工现场操作,也可以远距离遥控实施。发射后取出磁带或将摄影胶片冲洗后供有关人员对现场状况了解、分析使用。

二、光学设备的跟踪测量

每个航天发射场按其任务都有一个或几个主要发射方向。以西昌卫星发射中心为例,其主要任务是发射地球同步轨道卫星,主要发射方向是东偏南方向,即发射方位角一般为95°～105°(以正北为0°,顺时针转动)。从射向两侧和发射点的侧后方适当距离处布设若干个(3个以上)光学跟踪测量点,要求两个测点与目标的联线所构成的交会角,应大于30°、小于150°,90°时测量精度最高。作用距离一般为100～400km。这种测量,测角精度可达2″s～5″s;定位精度可达1～2m。测量设备有150电影经纬仪、160电影经纬仪、331激光电影经纬仪等。

电影经纬仪的结构与天文望远镜大致相同,只增加一个电影摄影机构。火箭起飞后人工操纵或自动引导主镜筒,对准目标(带有喷火的火箭)以每秒10帧至40帧的拍摄频率,进行连续跟踪拍摄。这样,每一个摄影镜头都可以得到一组对应的高低角、方位角数据和相应的时间数据。把两台以上经纬仪的测量结果作联合数据处理,就可以得到火箭以发射点为原点的发射坐标系的三维飞行参数随时间变化曲线(包括位置、速度、加速度等)。

由于镜头跟踪时不可能把目标完全置于镜头中心线上,故所记录的高低角、方位角会引入误差。为了消除这种误差,事后数据处理前需要对每帧画幅上目标相对中心点的偏离量(专业上称为"脱靶量"),一一判读出来,

151

飞跃神秘的外太空

△ 331激光电影经纬仪

一并输入计算机处理，误差便得到修正。

331激光电影经纬仪具有单站定轨的功能。该设备实际上是在上述电影经纬仪的主镜筒上加装一个与主镜筒光轴一致的激光发射镜筒，并与激光发生器由光路连接一起。当操纵（自动或手动）主镜筒在某时刻对准测量目标时，除得到一组高低角、方位角数据外，还向目标发射一束激光。有了高低角、方位角和斜距，就能确定目标在空间的位置，连续测量就可得到火箭的轨迹。

由于激光测距的精度高于经纬仪的测角精度，故如果将三台以上激光经纬仪的测距数据联合处理，将会得精度较高的火箭轨迹和运动参数。

光学测量的缺点是作用距离短、容易受天气影响，故应尽量选择晴朗天气发射火箭。

地面遥测系统的作用

火箭上的遥测系统是火箭和航天器的重要组成部分。火箭在技术区和发射区的测试工作中，遥测系统就参与火箭发射前的测试工作。其中的测试，既是对遥测系统本身的测试，也是对全火箭各分系统与遥测有关的部位工作状况的测试。这种测试对提高火箭发射的可靠性和飞行的可靠性起重要作用。在遥测系统检测过程中采用自动化程序，从而保证发射的安全可靠性。

在火箭的发射过程中更需要依靠遥测信息来判断火箭、卫星、飞船的工作状态，并成为天上与地面一道沟通的桥梁。概括起来，遥测系统的作用如下。

一、在火箭发射前的测试准备工作过程中，遥测系统提供了解火箭各系统技术状况的重要依据。

二、获得火箭飞行中的各种数据。对其中与飞行成败有关的重要信息和数据，需立即处理出来，并进行显示，如发动机关机信号、级间分离信号等。大量的数据处理和分析工作在发射以后进行。

三、为故障分析提供依据。尤其在研制初期，一旦发生故障，必须借助这些数据分析并查明故障的部位及其起因，以便采取补救措施。

四、测定火箭、航天器的环境参数和航天员的生理医学数据。这些数据包括振动、冲击、加速度、温度、舱内气体参数、各种辐射、热流等。这些参数对于检验火箭各系统及航天员生命维持系统对环境的适应能力，检查各种防护措施的有效性，制定规范化的环境条件，都是极为重要的。

五、遥测系统将提供火箭、航天器接收和执行地面控制指令的情况。

发射场的遥测地面接收设备有固定站式和车载式两种。车载式接收设备可用于活动测量站，可以实现对部分重要测量参数的实时数据处理和显示，并可实时为指挥控制人员提供火箭工作情况。

首区的遥控设备及安全控制

首区的遥控系统接收并执行送来的遥控指令，承担运载火箭在上升段过程的安全控制任务。

一、首区遥控设备的功能和组成

首区遥控设备是对火箭从起飞后20秒开始至第二级飞行结束的飞行过程实施监控。主要设备有遥控分控台、编码器、调制器、遥控发射机、天线及其伺服系统和监控显示设备等。由跟踪测量设备（含外测及遥测）测得的信息，经计算机处理后，在监控显示器上显示出火箭在空中的飞行轨迹和火箭的主要工作状况，供安全指挥员对火箭在空中的飞行状况做出正确的判断。安全控制的原则是：不放过已出故障且无可挽回的"坏箭"，更不能炸掉"好箭"。事关重大，必须在火箭发射前制订周密的故障处置预案，发射时按照预案实施。

二、"安全管道"的制订

火箭在上升段的飞行轨迹允许偏离设计值的变化范围称为安全管道，又称安全飞行走廊。安全管道按照火箭飞行安全控制选用的轨道参数不同，分为位置（即火箭在空中坐标）安全管道、速度安全管道和落点安全管道。其中落点安全管道是飞行安全控制的主要依据。这里所指的落点是假设在火箭飞行中的某一时刻终止动力飞行时火箭残骸将会落到地面的位置，于是落点允许变化范围就构成落点安全管道。

在制订安全管道前，沿火箭上升段理论轨迹及其对应的着陆点附近的地理状况和人文状况作充分的调查，确定要加以重点保护的城市和地区。

在落点安全管道图上，安全管道用故障线、允许炸毁线、必须炸毁线、保护区边界线标示。故障线为火箭正常动力飞行的边界线；允许炸毁线是允许对故障火箭终止动力飞行的边界线；必炸线是必须立即终止故障火箭动力飞行的边界线。

三、火箭安全自毁的实施

火箭发射时，将地面测控网提供的跟踪测量信息转换成火箭的坐标、速度和落点轨迹，并与预先制订的安全管道同时在安全控制室的显示屏中显示。在正常飞行情况下，落点轨迹在理论落点轨迹线附近的一定范围内移动。一旦显示的火箭落点轨迹超越安全边界线，说明火箭在空中已发生不可挽回的故障（当然要综合其他系统所提供的信息加以综合分析）。当触及允许炸毁线时，在避开安全管道中要保护的地面区域情况下，由安全控制指挥员发出自毁指令，火箭即在空中炸毁。自毁指令也可由计算机自动发出。

四、安全控制系统的工作过程

当火箭飞行正常时，遥控系统一直处于待命状态，控制台不输出任何指令，遥控发射机也不发出载波。但遥控天线一直处于跟踪目标的状态。

当火箭飞出安全管道的故障线时，计算机发出告警信号：此信号一方面在主控台和分控台上发出告警声响及灯光，告诉地面指挥员正在飞行的火箭可能有故障；另一方而启动遥控设备，做好随时发出安全指令的准备，打通信道，遥控发射机发出未经调制的载波。但因无指令内容，不会引爆。

如果火箭飞行情况进一步恶化并触及允许炸毁线，安全控制指挥员发出自毁指令时，安全控制系统的控制员或计算机便发出解除保险指令，经主控台送给遥控分控台，启动编码器工作。编码器输出预定好的密码指令信号，送到调制器进行频率调制。再经遥控发射机放大，由遥控天线发射出去。火箭上的接收机接到后，经解调，解除火箭上引爆器保险，引爆炸药。

当火箭的飞行超出安全边界线到了必炸线时，计算机将自动选择落点，发出炸毁指令。至此，完成了安全控制的全过程。

炸毁指令也可以由指挥员发出，但此时不能自动选择落点，由指挥员依据安全管道作出间断。

飞跃神秘的外太空

从航天飞机上能发射卫星吗

把卫星送上太空，一般都从地面用火箭发射。在太空运行的航天飞机上，怎么也能发射卫星呢？

大家知道，航天飞机是天地间很好的交通工具，也是用途广泛的航天器，此外它还有奇特的用处——是一种理想的太空发射基地。利用航天飞机，宇航员可以把卫星发射到地球同步轨道，或把宇宙探测器送到遥远的星际空间。从航天飞机上发射卫星，那好比把地面的卫星发射场搬到离地面几百公里高的太空，当然这个太空"发射场"也需要配备必要的发射设备。

航天飞机的主要发射设施是旋转式垂直发射架，发射架设有支撑卫星及末级火箭的托架，摇篮似的托架固定在航天飞机的货舱内。航天飞机进入太空后，地面测控人员开始测定航天飞机状态，使它保持有利于发射卫星的状态。在弹射前20分钟，根据预定的程序，打开蛤壳式的白色遮阳罩，这时从电视上可以看到一个待发卫星，像婴儿一样静静地"躺"在"摇篮"里。地面控制人员根据卫星状态确定是否可以进行弹射。

弹射前3分钟，航天飞机的通用计算机开始对卫星的末级火箭的程序装置发指令，通知它开始执行预定的程序，启动末级火箭的定时器等设备。

在弹射前5秒，末级火箭的电子设备使卫星处于待发状态。当倒计时达到"零"时，航天飞机上的计算机发出指令，自动松开夹紧装置，这时待在"摇篮"里的卫星及其末级火箭在弹簧机构的弹力作用下，以约1万米/秒的速度从货舱弹射出去，并借助弹射时获得的动能开始在太空滑行。然后点燃末级火箭的发动机，使卫星从几百公里的圆轨道进入一条近地点约为300公里、远地点为35860公里的大椭圆转移轨道，卫星与末级火箭离开。卫星靠本身携带的远地点发动机，进入35860公里的圆形地球同步轨道。至此，航天飞机发射卫星的任务就顺利完成了。

航天飞机有军事用途吗

1983年6月18日，航天飞机"挑战者"号第二次飞行。在太空施放和收回前西德卫星是航天飞机"挑战者"号的重要任务之一。"挑战者"号圆满地完成了这一使命，从而为将来修理在轨道中的卫星或为某些卫星补充燃料打下基础。

在太空飞行中，"挑战者"号上加拿大研制的15米长的机械臂，从货舱里抓住前西德卫星，把它从舱里举出去。这颗一吨半的卫星，形状像个箱子，施放到空中自由运行。"挑战者"号向下飘动，飞到距卫星前面300米的距离，然后逼近卫星，把卫星抓住。1小时后，这颗卫星再次被放到太空，让它转动，而"挑战者"号后撤几十米，然后再把卫星抓住，送回货舱。这两次景象壮观的编队飞行，使人们惊叹不已。

"挑战者"号在浩瀚的太空是怎样抓捕卫星的呢？航天飞机在太空运行处于失重状态，释放卫星是很容易的，只要把卫星举起来，然后松开机械臂，卫星就"自由"了。如卫星没有动力，而航天飞机也不做机动飞行，在短时间内卫星与航天飞机在太空运行的相对位置不变。这种飞行状态，就形成航天飞机与卫星的编队飞行。这时航天飞机是随时可以轻而易举抓住卫星的。如果卫星带动力，即自身带的发动机，就可以随时点火，推动卫星向前或向后或向左或向右运动（这种运动就叫机动飞行）。在失重状态下，只要发动机产生很小的力（如几牛），就可以做小小的机动飞行。当卫星作机动飞行（可以改变轨道高度或改变轨道平面）时，它与航天飞机的相对位置就拉开了，也许一个在"上"面，一个在"下"面，或两者不在一个轨道平面（卫星运行轨道所构成的平面，称卫星轨道平面）内。对付这种"耍花招"的目标航天飞机就要付出一点代价。它用轨道交会雷达先搜索、跟踪目标，根据目标位置，航天飞机开动发动机，似警车追捕罪犯汽车那样，加速向目

飞跃神秘的外太空

△ "挑战者"号航天飞机拖放巨大的卫星

标追去，追捕中根据目标位置，或改变轨道平面，或提高或降低轨道高度，逼近目标，最后把目标抓住。

航天飞机首次在太空释放和收回卫星的成功说明，为了营救、修理或使损坏的卫星恢复工作，航天飞机可以把它们从浩瀚的太空中抓来，带回地面，使它们"死而复活"。

在未来空间战中，航天飞机除带武器参战外，它灵巧的机械臂，还可以把敌方的"间谍"——侦察卫星抓来，带回地面"审讯"，因此，不能忽视航天飞机的军事用途。

航天飞机能在太空修理卫星吗

自1957年苏联发射世界上第一颗人造卫星以来，各国已向太空发射了数千颗人造卫星，然而"病"者甚多。1984年世界上第一个为卫星"治病"的"医生"出现了，它就是"挑战者"号航天飞机。

1984年4月6日，"挑战者"号航天飞机载着5名机组人员从美国卡纳维拉尔角腾空而起，奉命修复"太阳活动峰年观测卫星"。这颗卫星是1980年发射的，用于在太阳活动峰年测定太阳耀斑数据。仅使用9个月就"卧床休息"，不能正常工作了。起飞45分钟后，"挑战者"号航天飞机就飞达与"太阳活动峰年观测卫星"相接近的高度。4月8日，航天飞机驶至距卫星60米处，并逐渐接近至12米处，宇航员纳尔逊带一具捕捉装置离开航天飞机做太空行走捕捉卫星，由于捕捉装置难以咬紧卫星突起部分，未能成功。接着宇航员哈特操纵长达15米的机械臂去抓卫星，尝试4次均未奏效。4月10日，当卫星处于良好状态时，宇航员操纵着长长的机械臂，慢慢插入卫星两块太阳帆板之间，终于逮住了卫星，并将其固定在航天飞机舱内的修理台上。4月11日，宇航员纳尔逊和霍夫坦手持价值100万美元的电扳手、动力改锥、剪刀等修理工具，更换了2个损坏了的组件，卫星修理好了。整个修理持续了3小时20分钟，比原计划提前2个多小时。4月13日，"挑战者"号航天飞机完成了它的历史使命，顺利地返回地面。

"挑战者"号航天飞机在太空捕捉和修理卫星成功，不仅具有较高的经济价值，而且还具有重要的军事意义，并开创了航天器的新时代。

飞跃神秘的外太空

怎样才能成为航天员

航天员是人类的英雄，是人类文明和博大智慧的传承者。人类载人航天之路充满着荆棘，为了实现探索太空的梦想，如今已有为数不少的航天英雄们用自己的血肉之躯为人类铺就了通天之路……

要成为航天员不是一件容易的事。苏联在挑选航天员时走遍全国，从3000名候选人中筛选出20名作为培训对象，最后仅6人成为航天飞行的队员，加加林就是这一批中被选中的6人之一。在第二批选拔时，仍像第一批那样严格，也是从3000名中候选出21人（比上次增加15人）其中包括3名女性。

美国在为"水星"计划选拔第一批航天员的条件是：年龄在40岁以下，身高不超过1.85米，身体健康，从美国空军试飞员学校毕业，是合格的喷气式飞机驾驶员，有1500小时以上的飞行经验，具有工程方面的学士学位。

当时全美国能够满足这些条件的人共500名，最后美国航空航天局从中选拔出7名，成为美国第一批航天员，格林就是其中之一，也就是在77岁高龄时又上太空的那位老人。

中国进入到真正意义上的航天员选拔，时间已是20世纪90年代中期了。选拔分成初选和训练期选拔两个阶段。初选历时18个月，从1500多人中选出800人，然后精选出60人，再经过层层筛选，最终确定14名航天员（其中2人是航天员教练员）。需要说明的是，此时的航天员还不是正式的航天员，他们只是有幸参加第二阶段选拔的训练期航天员，如果考核不通过，仍然有被淘汰的可能。

中国航天员要求身高在1.60～1.72米，体重55～70千克，工作时间在3年以上，飞行时间累计600小时以上，飞行等级为3级以上，具有独立战斗值班能力与经验，年龄在40岁左右，受过高等教育，个人身体素质与文化素质高。另外不能有严重的癖好，如烟、酒等。

从中国、俄罗斯、美国航天员选拔的条件中，可以看出，航天员应具备以下的基本条件：

年龄。不论男女，年龄应在25～45岁，指令长（航天驾驶员）在25～40岁，随船工程师可达45岁，航天研究人员可超出上述范围。

航天员来源。通常指令长应来自高性能飞机驾驶员，并具800小时的飞行经验；随船工程师来自飞行员或工程技术人员；航天研究人员则来自科学家。

△ 对航天员有严格的身体和心理素质要求

政治思想方面。要有较好的政治思想品质和觉悟，有自愿献身航天事业的精神。

身体。健康，对特殊环境有较高的耐力、适应力和潜力。

心理。要有优良的心理品质，稳定的情绪，危急情景下的心理应急能力以及能在狭小的空间环境并与地面隔绝的条件下良好地执行飞行任务的能力。

资历与能力。具有大学或相当于大学的学历，或在工程、医学、物理、天文等方面取得学士以上学位的专业知识和技术专长，应思维敏捷、反应迅速、操作准确，实际工作经验丰富。

飞跃神秘的外太空

怎样选拔女性航天员

在载人航天的早期，航天员都是男性一统天下。后来情况有所改变，1978年，美国航空航天局招收35名新航天员中出现6名女性，占当时美国航天员总数的0.95%。目前美国有144名航天员，其中女航天员33名，占总数的22.9%。从1981～1998年，美国共发射航天飞机97架次，其中57次中至少有一名女航天员。总之，在各种载人航天活动中，女航天员的比例越来越大，到2000年年底，全世界有38名女性进入太空（主要集中在美国）。

对中国来说，迄今为止还没有女航天员，但按照已经确定的载人航天发展方针，中国女航天员的选拔和培养工作已经被写进载人航天计划之中，相关的准备工作也已启动。目前已从15万名应届高中毕业生中筛选出三十余名女生，她们将进入空军航空大学学习，4年后其中的优秀者可望参加女航天员的选拔，再接受2～3年的航天员训练，将在2012年前，使中国女航天员飞上太空。从国际统计资料来看，女航天员首选年龄平均37岁，最大年龄46岁。因此，我国女飞行员经过训练，正好可以在最佳年龄段里执行太空飞行任务。

对于女航天员的选拔条件，应该说男女是一样的。当然由于男女生理上存在的差异，选拔的方法和标准会有所区别。在航天员体能训练、航天特殊环境因素条件下的生理功能训练中，也会针对女性特点在一些项目的内容方法和标准上作必要的调整，但基本要求不会降低。

对于男女航天员共同执行飞行任务，有人认为，"男女搭配，干活不累"，也就是说可以提高工作效率。虽然目前尚未见到这方面的正式研究报告，但不少心理学家和社会学家等认为两性组合比单一性别更和谐，因而就能更有效，这种分析是有一定道理的。航天飞行，特别是较长时期飞行中，面对相对狭小的密闭环境和相对枯燥的工作、生活内容，乘员之间互相关心、理解，形成活泼和谐的气氛是十分重要的。一位曾在俄罗斯和平号空间

△ 世界上第一位女性航天员——前苏联宇航员捷列什科娃

站工作的美国航天员返回地面后，热情称赞同时在站上工作的俄罗斯女航天员，尽管那时空间站上相继发生故障，但这位女航天员通过自己的努力和谐了站内的气氛、稳定了乘员间的情绪，对有效排除故障起着重要的作用。

2005年7月26日发射升空，于8月9日返回的"发现号"航天飞机中7名航天员中有2名是女性，机长柯林斯更是四次参加太空飞行的优秀女航天员。这次"发现号"航天飞机升空是2003年2月"哥伦比亚"号航天飞机失事后的首次飞行。从准备发射到返回，经历了太多的磨难，多次推迟发射、检查隔热瓦受损情况而进行的"180°后空翻"以及三次推迟返回，又降落备用机场等，都是对机上人员生理和心理上的考验，但是他们却出色地完成任务胜利返回。这当然是女机长柯林斯的出色领导，同时或许也能体现出男女航天员共同执行飞行任务的优越性。

飞跃神秘的外太空

美国航天飞机的航天员是怎样选拔的

　　航天员是一个比较笼统的称呼，现在的航天员可分成不同的类型，类型不同，选拔的要求也就不同。航天员一般分为三类：即驾驶航天员、任务专家航天员和载荷专家。驾驶航天员中有一名是机组组长，称为"指令长"。一般从空军歼击机和强击机飞行员中选取，应具有丰富的航空飞行经验，在飞行中主要承担对飞行器的监视、控制和管理，执行飞行计划、飞行器的安全对接、飞行安全保障等任务，还要协助随船工程师工作。任务专家航天员又称随船工程师，一般来自航天工程技术人员，对飞船的设计制造具有丰富的经验。他在飞行中的任务是负责对飞船上各种设备的操作和维护，进行后勤保障和各种实验。他最重要的任务是进行太空行走。载荷专家一般不是职业航天员，而是执行特定空间试验任务的专家，负责对试验设备的操作使用、数据收集和整理。同时承担乘员的健康保障工作。航天员在指令长领导下进行工作。

　　依据美国航空航天局的新规定，对指令长的选拔与20世纪50年代末选"水星"航天员标准相比，改变不多。即飞行时间从1500小时放宽至1000小时，并不一定要从空军试飞员学校毕业等。

　　对任务专家的选拔要求是：必须是美国公民，须获得工程、生物学、物理或数学方面的学士学位，还必须有三年相关专业的实践经验。但若学历更高，则可替代部分或全部的实践年限（硕士学位可替代一年的实践经验，博士学位可替代三年的实践经验），身体条件要符合航空航天局的二级体检标准需视力良好，血压正常等。在申请任务专家航天员时，更注重学历，还要求有一定的专业实践经验，但不要求有驾驶喷气式飞机的经验。

　　对载荷专家是否登上航天飞机，不是由航空航天局决定的，而是由有效载荷所属的单位或公司决定，然后向航空航天局提出申请，若同意可选派1名专家上天，负责完成专门的研究和实验任务。因此，载荷专家的选拔不像前两类航天员那样严格，但也有一些标准：首先工作要能胜任，并且能独立完成整个飞行过程中的研究或实验工作；其次身体要健康，能通过航空航天局制订的三级体检标准，而且还要能讲流利的英语，也不要求必须是美国人。

有了航天员的选拔标准，那么如何实施选拔呢？要过四关：

初选关。对申请成为航天员的人进行初步体检，筛除有明显疾病和功能障碍者。

复选关。对初选合格者再进行全面、深入详细的检查，从功能上择优挑选出适合航天环境，有利于完成航天任务的候选者。

定选关。确定航天员候选人名单，并由上级权力机构批准，成为预备航天员。

再选拔。即从预备航天员到执行航天任务的正式航天员，需经历3～5年的严格训练，在此期间的各种评定均可视为航天员选拔过程的继续。

选拔的具体内容是：

一、实施临床医学选拔

它是医学选拔中的主要部分，要详细检查身体的各个部位、各器官有没有毛病。选拔航天员的体检与普通人体检大不相同，要住院检查近一个月时间。采用各种现代化的诊断技术和方法，把潜在的疾病和隐患统统查出来；如果都通过，还不罢休，还要查配偶、父母、子女的身体情况。原因何在：第一要掌握被检查对象的家族病史情况，排除遗传性疾病发生的可能性；第二要排除与被检查对象亲密接触的配偶和子女的传染病可能性，防止与被检查对象有交叉感染。

二、实施航天员心理选拔

目的是排除潜在的心理病理异常和障碍个性方面的障碍。了解被选者的操作技能和稳定性，了解被选者对航天特殊环境和复杂艰苦生存条件的耐力，以及在小组内的人际关系和心理相容性等。有一个看似很普通的实例：当你正在被测试时，突然你面前的一只玻璃杯翻倒了，茶水洒满了桌子，玻璃杯跌落到地上……这时如果你手忙脚乱，沾一身的水，杯子还摔坏了，那你或许"没戏"了。原来，这个"小动作"就是为考察你而设计的。如果你

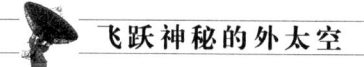

不慌不忙能在半空中接住杯子，并从容地擦净桌子，再加满水，那么你或许能继续被选拔下一个项目。

心理选拔是选拔航天员的重要内容之一，美国、俄罗斯、欧洲、日本等国都十分重视这个选拔项目。

三、实施航天员生理选拔

主要检查神经中枢和呼吸循环系统对航天特殊环境的适应性和稳定性。如果你常失眠甚至换个地方就休息不好；如果一"登高"脸变色、嘴发紫，那么你的选拔可能就止步了。

四、实施航天员特殊环境耐力选拔

该项选拔采取单项评定淘汰制，淘汰率高达80%。被选拔者要经受超重考验（其从头部到脚部的纵向加速度耐力不低于4g，从胸到背的横向加速度耐力在8~12g，比普通人承受能力要高出几倍）；接受缺氧耐力考验，要在头低脚高的倾斜床上接受骤起骤躺的考验；接受噪声、振动的考验接受忽高忽低、忽左忽右并不断变换方向的前庭功能考验。

当然，随着航天技术的不断发展，尤其是航天器内的环境条件已得到极大的改善，又经过多次载人航天的实践，对航天特殊环境有了新的认识和体验，因此在这项选拔内容上将可能简化一些，如原来作为选拔内容的振动、噪声、温度、隔绝等特殊环境有可能不再列入选拔内容，而移入训练课程中。

航天员的基础训练有哪些

航天员的训练有人比作"魔鬼训练",意思是说其训练的艰巨性达到了非人的地步,比如生理耐力训练、野外救生训练等。但这种比喻不一定确切,我们应该强调航天员训练是"按纲施训、系统施训、科学施训"。

航天员的基础训练可分为四个阶段:即基础理论训练阶段、航天专业技术训练阶段、航天飞行任务模拟训练阶段和强化训练与任务准备阶段。

一、基础理论训练阶段

重点是学习有关载人航天工程的基础性知识,如载人航天工程基础、自动控制基础、航天医学基础、解剖生理学基础、地理与气象基础、计算机应用基础、力学基础、高等数学、英语、政治理论基础,还有文学艺术修养等。授课老师为各领域的专家,高等院校教授。

二、航天专业技术训练阶段

应学习和掌握载人航天工程各系统的技术构成和作用原理,重点是载人飞船、航天员安全保障装备等与航天员联系密切的技术系统等。授课教员中包括许多工程第一线上的主任设计师以上的专家。

三、航天飞行任务模拟训练阶段

以飞行任务为主线,以全任务飞行训练模拟器为主要现场,进行飞行程序训练等项目,熟练掌握飞行全过程的各种指令和操作,包括可能发生的故障和应对措施。

四、强化训练和任务准备阶段

以飞行任务乘组为单位的任务强化训练,其中还要参加发射中心的工程测试和合练,为飞行任务做好周密准备。

对于航天员的体质训练、心理训练、生理训练等将贯穿于上述四个阶段训练的全过程。穿插进行的项目还有跳伞训练、飞机飞行技能维持训练和包

飞跃神秘的外太空

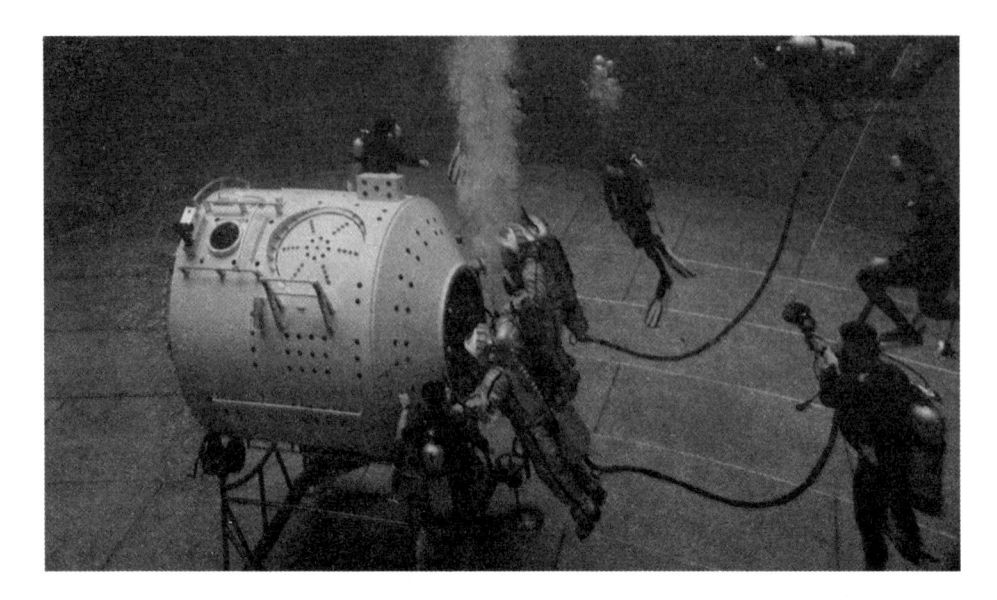

△ 航天员在水中模拟失重环境训练

括丛林、高寒区、沙漠、水域等恶劣自然环境条件下的野外生存训练，以培养航天员的自救能力。

　　航天员的训练周期约4年左右。每个阶段都有考试和考核，成绩将全部记录下来，并建有专门健康档案。在年度和大的训练阶段结束后都要对航天员做出综合评价。

航天员必需的技能训练有哪些

包括飞机驾驶训练、超重训练、失重训练、前庭功能训练、跳伞训练、野外生存训练、心理训练、体能训练等。

一、飞机驾驶训练

这虽然是航天员的"老本行",航天员的选拔几乎都是从优秀的空军飞行员中产生的。但无论是美国、俄罗斯或者是我国对航天员的训练中都有飞机驾驶训练这一项。俄罗斯加加林航天员培训中心现行的《航天员训练大纲》中就明确规定,指令长每年要进行七十多个小时的飞行训练,随船工程师(任务专家航天员)每年也要进行十多个小时的飞行训练。美国航天员也有规定,指令长每月应飞行15小时,随船工程师每月至少飞行4小时,由于美国的航天员驾驶的是航天飞机,因此还必须利用商用喷气式飞机进行大量的驾驶技能训练,尤其是训练着陆技术。航天员要成为指令长,必须进行800次着陆训练。我国的飞行训练一般是用歼击机进行,相对来说可以比美、俄少些。

制定航空飞行训练计划,也要考虑航天员的个人情况,如飞行小时数、飞行中断时间长短及身体健康状况。还要考虑航天员所处的训练阶段和航天任务。训练在歼击机上进行,训练要具有一定的难度,训练前要有充分的准备,包括现场知识准备、熟悉飞机座舱环境、在飞机模拟器上训练等。待考试合格后才能进行飞机的飞行训练,训练中要特别注意安全,应该说这是一项风险训练,到目前为止,世界上已有16名航天员在航空飞行训练中丧生,加加林就是其中之一。尽管如此,这项对太空飞行发挥着重要作用的训练依旧必须进行。

二、超重训练

为了提高机体对超重环境的承受能力必须进行超重训练。训练的内容包

括两个方面：一是超重耐力训练，目的是使航天员获得较高的胸—背向超重耐力；二是结合飞船上升和返回时产生的超重作用特点进行训练，目的是让航天员体验这种过载感觉。这种训练一般在发射前2～3个月进行。超重训练一般在人体离心机上进行，而每次来到离心机训练室，航天员们会开玩笑地说："今天又要去照哈哈镜了。"离心机怎么和哈哈镜联系在一起了呢？这都是超重捣的鬼。因为离心机在快速旋转时会产生强大的离心力，可以模拟重力的变化。这种重力的变化可以超过8倍，也就是说，你的身体正在承受8倍于自己的体重。

离心机有一个颀长的旋转臂，在臂的最外缘装置着一个密封的吊舱，该吊舱不仅可以跟随旋转臂转动，而且自身也可转动。航天员就坐在吊舱里，随着离心机转速的变化以及吊舱摆动角度的改变，承受几个方向的超重。从控制室的屏幕上可以看到航天员的脸部被离心力拉扯着，就像在哈哈镜前脸孔一忽儿变长一忽儿又被变短，嘴唇也被挤得忽左忽右，胳膊和腿动弹不了，这种滋味确实不好受！

在我们日常生活中可以碰到超重的机会还是有的，如乘电梯时，电梯突然停止的瞬间会感到自己的身体有些加重、腿脚也出现沉重感，这就是超重。还有你如果去乘"过山车"，在它翻越圆轨的一瞬间也能产生超重，而且能超出自己身体一倍重，当然这是在一瞬间，等你有了感觉，实际上早已恢复正常了。但是航天员在吊舱中，承受超重的时间可从几十秒甚至到几分钟，而且超重值绝不是一倍于自己的身体重量，而要达到7～8倍。承受超重时还必须随时回答提问，保持敏捷的判断反应能力，为了能实现遨游太空的梦想，他们坚持下来了！吊舱里装有一个按钮，如果实在吃不消了，可以按钮随时叫停，但到目前为止这个按钮在训练中国航天员时，还没有人去碰过！

三、失重训练

目的是提高航天员在失重条件下生活和工作的能力以及提高机体对失重"应激"的稳定性。

失重训练包括两个方面的内容：一是失重环境适应性训练，特别是进行空间定向能力的训练；二是在失重环境下航天员行走、进食、进水、服装穿脱、大小便等能力的训练。

虽然，在地球上进行失重训练，特别是较长时间的失重训练十分困难也很难实现，只能在失重飞机上或水槽中作模拟失重训练，即使存在失重时间太短或出现不真实效应，但几十年来还是沿用了这些方法，均取得良好的效果。

中国航天员的失重飞机训练及水槽中失重训练都在俄罗斯加加林宇航中心进行。飞机失重训练是在伊尔—76上进行的，飞机每做一次抛物线飞行可以获得20～40秒的失重时间，一般飞行一个架次可做15次抛物线飞行。机舱内很大，可同时训练很多人，是进行短时间失重训练和试验的好场所。出现失重后人就漂浮起来，要想移动需用手帮忙，双手交替向前抓栏杆，带动身体沿舱壁移动，同时借助固定的物体使人停止。

在训练前后移动及停止等动作完成后，要重视"吃饭，喝饮料"的训练，让航天员在漂浮、旋转和运动的情况下能喝得进水和吃得上饭。还要训练穿脱航天服和推动重物。

训练大致是这样的：航天员们坐在飞机舱内底板上，航天服展开放在旁边。失重开始后，教练双手托住航天员的腰并将其稍稍抬起，航天员则抓住航天服衣襟入口的下半部分，先穿脚和腿，然后提至腰部再穿好两袖，最后套头并整理好航天服，脱航天服程序则与之相反。要求航天员在10个抛物线飞行内（约200～400秒失重时间）至少完成一次穿和一次脱航天服的动作。由于脚不沾地、四肢稍微用点力身体就会东倒西歪，可不容易了！

推动重物训练时，航天员们站在机舱的一舷，单脚固定在地板上，快速解开固定重物的绳子，然后将100千克重的物体抓起推向同伴，同伴接住后再轻轻抛回。这种来回"抛绣球"应重返3～4次。到了下一个失重状态时，要把重物抛出，然后再迅速捉回来。这里体现的是一个"快"字，否则，该动作尚未做完，重力又恢复了，100千克的重家伙就不是轻而易举地可以抛来抛去了，不仅砸伤人还会砸坏机舱呢！

用飞机作抛物线飞行至多只能产生20～40秒的失重，时间显然是太短了，为了完成复杂的太空操作训练，必须使用中性浮力水池。当人体在水中漂浮时，如果在身体上加上一定的重物，可以保持身体既不会浮出水面，也

不会沉到水底，从而产生一种类似失重的状态。这是中性浮力水池模拟失重的原理。俄罗斯的中性浮力水池从外表看是一个四层楼高的圆形建筑，实际上它是一个直径为23米，水深12米的大水池。穿上厚厚的航天服，通过一系列的重力调整可以达到失重要求。

为了模拟太空操作和维修训练，在水池中放置空间站的一部分。航天员穿上200多千克重的航天服，背上氧气瓶被放到水池底部，利用中性浮力的原理，模拟在太空失重环境中做"太空行走"和"维修"。由于航天服的笨重，操作维修很不方便，还要处理好"不用劲和用劲"的关系，即该用劲时（如拧螺丝等）能使出劲，不用劲时能使身体稳定，不翻跟头。这样的训练往往使航天员体力消耗很大，每次训练下来，体重可以减轻5千克以上，多么不容易啊！

四、前庭功能训练

前庭是人体耳朵内的一个小器官，专门负责平衡感觉。当它受到的刺激量大或者人的耐力差时，就会出现头晕、恶心、脸色苍白、出冷汗甚至呕吐等症状，医学上就称为"运动病"。在航天飞行中若出现类似的症状就称为"航天运动病"，严重时会影响航天员的工作和飞行安全。

为了减轻和防止航天运动病的发生，世界各国学者对此进行了大量的研究，美国、俄罗斯两国还在航天中采用药物防护和航天员前庭功能训练的方法来防治航天运动病，有了一定的成效。

为什么进行前庭功能训练对防治航天运动病会有成效呢？原因有：首先当前庭训练到一定次数后，其稳定性可以维持在一定水平上；其次如果停止训练，经过一段时间后，前庭功能稳定性将逐渐下降；最后事实证明对航天员进行强度较大的前庭功能训练，可以预防航天运动病。

前庭功能训练有主动训练和被动训练两种，主动训练是结合体育训练进行的，如在滚轮、旋梯等设备上进行。被动训练是在专用设备上进行训练。目前对航天员主要采用被动训练，其训练设备是在一个转台上装有座椅，座椅可以360°顺、逆时针转动，还可以作俯仰和左右侧向摆动。训练时，人戴上面罩坐在椅子上（身体绑在椅子中），头部固定在专用"枕头"上。随着转台快速转动（最快每2.5秒就可转一圈），摆动也加了进来，这两种力量结合，使座椅上的人像被甩进了一个高速旋转的洗衣机里，又像骑上了一匹四处乱窜的烈马。一般人上去转不了几圈就出现"运动病"症状。对受训航天员来说必须克服这道坎，否则训练将止步于"前庭功能训练"脚下。航天英雄杨利伟的刻苦训练竟换来了前庭功能训练项目可以免试的优异成绩。

五、跳伞训练

其目的是可以减小对外界刺激的心理—生理反应，减轻神经和情绪的紧张程度，提高紧急状态下的心理承受能力和心理稳定性。

根据俄罗斯加加林航天员训练中心的经验，航天员在基础训练阶段，需要完成24～25次跳伞，以后每3～6个月重复一次，每年进行10～15次跳伞。

六、野外生存训练

航天员在应急条件下被迫着陆之后，可能落到人们很难到达的地方，沙漠、高山、森林、海洋、严寒的冻土带、炎热潮湿的热带……无论是哪种气候和地理环境都可以出现在面前。

说不定疾病和凶恶的野兽也会向你袭来。为了能适应这种极端恶劣的状态，根据美国、俄罗斯两国的经验，主要通过两条途径来解决：一是靠载人航天工程的营救救生系统；二是通过野外生存训练，掌握生存本领，学会使用各种个人救生设置。野外生存训练包括寒区生存训练、热带高温地区生存训练、海上生存训练和沙漠生存训练等。这里介绍中国航天员在寒区和高温区进行生存训练的情况。

1.北极圈的两个日日夜夜。北极圈的温度已下降到零下50℃，积雪达1米深。按照训练要求航天员要在这样的环境中生活48小时，而且在这两天两夜里，每餐饭只有一口压缩饼干和一块拇指般大小的巧克力。这真是饥寒交迫，人的生存受到极大的挑战。

航天员在晚上7时到达指定位置。第一天晚上他们用返回舱作为御寒的地方。但是在如此低的温度环境下，长时间停留在舱里也会有危险发生的。第二天一大早，他们穿上防寒服出舱了，冒着凛冽的寒风艰难地行进。防寒服竟被风雪刮破，真应了"风霜雪剑"这句话。极度的寒冷和饥饿要求他们必须尽快建造好防寒棚。举目望去，到处是白茫茫的大雪，用什么做防寒棚的材料呢？用雪！他们用随身携带的刀将雪块切成砖头样大小，好不容易建成一间圆顶雪屋,才知"墙壁"经不起寒风猛吹又倒塌了,直到傍晚雪屋终于可以让航天员栖身了,但仍冷得你无法睡觉,用加热器暖暖身,用在篝火上融化的雪水解渴……北极熊、雪盲病、严重冻伤等都是航天员们的大敌。有人说,天这么冷,运动运动会好些。这当然是对的,但千万不能运动过度,一旦出汗,在皮肤上就结成冰,人会冻伤。因此,活动要以不出汗为标准。中国的航天员坚持下来了!

2.黑海的高温"烤"验。航天员们在黑海进行出舱训练也同样惊心动魄。盛夏,40℃高温下,海水已经被晒得热辣辣,但航天员要在狭小闷热的返回舱里进行操作,这还不算,当操作完成后必须在严格规定的时间内脱下航天服换上密封的抗浸服出舱。此刻,一边是黑海风浪的颠簸,另一边是人为的将返回舱使劲摇动,使你直想呕吐……两个小时的规定动作,中国航天员一个半小时就完成了,但他们也说:身上的汗水都快流尽了!

七、心理训练

在载人航天中,经常需要航天员在有限的时间内去完成极其重要的任务,因此高度稳定的心理素质是航天员必须具备的素质。同时,航天员所处的工作环境与地面差异极大,特别对于较长时间进行航天飞行的人员来说,处于与世隔绝、生活枯燥的环境容易引起心理变异,因此,必须对航天员进行心理训练。训练可以从三个方面入手:一是航天员心理稳定性训练,比如进行超重、失重、前庭功能、跳伞,等等训练;二是狭小环境中的隔离训练。当航天员穿上特制的航天服走进隔离训练室后,房内的空气全部抽掉,象征着航天员已经进入"太空",房间既狭窄(相当于飞船船舱)又什么都不放置,没有电话电视,不准通信,与外界完全隔绝。但是,对航天员的工作却不放松,而且有一定的难度。有时要求航天员几天几夜不睡觉,吃喝拉撒都在这个狭小的环境中进行……这样的训练,有时竟可达30个昼夜。如此苛刻的训练,对航天员承受孤独寂寞,化解心烦意乱是非常必要的;三是心理支持。通常用声音刺激的办法,调整中枢神经系统功能可诱人入睡,达到休息和减轻疲劳的目的,也可让航天员掌握待人处事的办法,学会处理人际关系……这些心理支持对形成航天员良好的心理品质具有重要意义。

八、体能训练

对航天员的重要性表现在四个方面：一是通过体能训练，可以增强身体的抗病能力，减少疾病发生；二是增强身体素质，提高学习训练效果和完成各项工作的效率；三是提高改善航天员的心理品质、心理稳定性和心理相容性；四是提高耐受能力和适应能力，减少身体可能产生的不良反应。

航天员的体能训练包括训练期间的体能训练、飞行期间的体能训练和白天上返回地面再适应期间的体能训练三个阶段。

训练期间的体能训练包括耐力、速度、力量和灵活性方面的普通体能训练，主要是长跑、游泳、短跑、引体向上、仰卧起坐、球类、变速跑等运动。还有一种特殊体能训练如登山、旋梯、秋千、浪木、弹跳网等针对航天活动中会遇到的环境而进行的。这种体能训练每季度进行一次，并要考核成绩。根据俄罗斯加加林航天员训练中心的经验，体能训练每周进行2～3次，每次1.5～2小时，一季度考核一次，总训练时间要持续3.5～4年。

飞行期间的体能训练，要针对失重可能对身体带来不良的影响，采用弹性拉力器、自行车功量计等卓有成效的体能锻炼器械。

苏联的航天员在一年的时间里要骑自行车1000千米，滑雪3000千米，越野跑200多千米。当年美国的登月航天员要穿上几十千克重的航天服，在炎热的沙漠里每天行走20～30千米，这样的训练，一般人是难以忍受的。

飞跃神秘的外太空

航天员的训练设施有哪些

一名合格的航天员是通过长期艰苦训练造就的,但也应归功于有一个为名目繁多的训练专门研制的一系列训练设施。这些专用训练设施主要有:

一、飞船飞行训练模拟器

它是航天员进行综合训练的重要设施。它的外形和内部结构与真的飞船别无二致,座舱仪表系统、计算与控制系统、视景系统、音响系统都和真飞船一模一样,只是在外面多了个教员台系统。模拟器的基本功能是能提供正常飞行过程、异常飞行过程、飞行状态及相应的环境模拟,能对航天员提供飞行程序、飞行操作与控制、故障处理及船地通信等综合技能训练。

飞行器模拟训练器中以航天飞机模拟器建造代价最为昂贵。美国航空航天局的航天飞机飞行模拟器位于约翰逊航天中心的5号大楼,于1977年建造,耗资达一亿美元。航天飞机飞行模拟器主要有两部分组成,即运动乘员站和固定乘员站,两者的区别在于前者可以运动,后者不能运动。除此以外,这两个乘员站与航天飞机完全一样,装有相同的控制器、显示器和仪表板等设备。

运动乘员站内设有指令长和驾驶航天员的座位,能进行任何方向和任何角度的运动,特别是可以向上倾斜90°模拟航天飞机起飞的姿态和加速度。固定乘员站内装有指令长、驾驶航天员、任务专家航天员和载荷专家的座位,该乘员站虽不能运动,但可以模拟各种载荷的处理和操作,如导航、交会、遥控机械臂的操纵等。若在该乘员站内需进行较长时间的模拟训练,还可提供饮用水和食品呢!

这两个乘员站都可以获得逼真的视觉效果,它们是由4台独立的数字图像系统生成的。每个乘员站都有3个正面舱窗,1个头顶舱窗和2个后面舱窗组成。正面舱舱显示的是彩色图像,其他舱窗为绿色图像,从这些舱窗中可以看到地球、太阳、月亮和星星。还有一台闭路电视可以看到后面舱窗外的物体和遥控机械臂的工作情况。除获得视觉效果外，还有听觉效果，它们是由计算机生成的，如风机声、阀门开关声、推进器点火声、起落架展开及与跑道接触的声音等，航天员根据这种声音了解航天飞机的各系统运行情况。该飞行模拟器所以有如此巨大的功能，主要是因为有一个庞大的计算机系统，而且计算机系统与航天飞机上实际使用的系统完全一样。

在模拟器的旁边设有教练员或教员的控制台，通过控制台可以对航天员进行飞行训练，设置故障，总共可设置6800种航天员在飞行过程中可能遇到的故障，学会即时判断和正确处理。航天员在模拟器上模拟的都是一般的飞行任务。但在确定载人航天的前10个月，就要按照即将飞行的任务在模拟器上训练。在训练的最后11个星期，航天员（机组）要同地面飞行控制中心进行合练。这种合练应与正式进行航天飞行时完全一样。通过合练共同处理和解决飞行过程中出现的各种情况和问题。在最后10个月的训练中，在模拟器上训练的时间要达到300小时。

二、单系统训练器

顾名思义，它是一种与系统训练有关的训练器。以航天飞机为例，它是用来模拟航天飞机轨道器的飞行控制仪表板，因此其构成与航天飞机的轨道器一样，前后装有两块控制仪表板。前仪表板是主要的轨道器飞行控制仪表板，正面装有3台显示器和1块键盘，通过键盘可以向航天飞机上的5台电子计算机输入命令。后仪表板又称轨道控制台，台上有4个显示器和大大小小的一些开关和按钮，控制航天飞机上的电视系统、通信系统、供水系统以及货舱的出入口等重要设备。用单系统训练器进行训练时，每名航天员都有一名教练员作指导，训练他们学会操纵轨道器上的每一个系统，特别要学会识别和检查系统故障以及排除故障的方法。

三、冲击塔

在我国的航天城里有这样一座冲击塔，高15.5米，它的作用是模拟飞船返回地球时的冲击环境，从而加强航天员的抗冲击耐力，并研究各种防护措施。冲击塔由塔架、平台、提升系统和水刹车系统构成。训练时，航天员位于平台上，吊车将平台提升至需要高度后将挂钩脱开平台一下子坠落下来，然后用水刹车系统让平台停住。这种情况和飞船降落的冲击载荷情景很相似，用水刹车是源于平台落入水中不会产生二次反弹现象，不使航天员受到反弹冲击而吃两遍苦。在冲击塔里装有高速摄影机，可拍摄到平台承受冲击的全过程。而受训练者身上装有仪器，可以记录冲击各种参数和体内的生理信号，以便进行分析研究。这种冲击设备全世界仅有四台，其他二台在美国，还有一台在英国。

四、失重飞机

俄罗斯的伊尔—76飞机可以进行失重训练。美国航空航天局作失重训练用的飞机是一种经过改装的4引擎的KC—135喷气式运输机，这种飞机在进行抛物线飞行时每次可产生30秒钟的失重时间。每次要连续飞行2~3小时，完成多次抛物线飞行。在短暂的失重时间里，航天员要练习吃食品，喝饮料，使用各种仪器设备。

五、失重水池

除了俄罗斯的失重训练馆（巨型水池）外，美国航空航天局建有多个用于模拟失重的巨型水池，其中供航天员失重训练用的主要有两个：一个称为"失重环境训练设备"，水深7.5米，长23.4米，宽9.9米。附属设备有净水系统、环境控制系统、电视监控系统和1台5吨的吊车；另一个称为"中性浮力实验室"，是目前世界上最大的"室内游泳池"，水深12米，长60米，宽30米。水池内可容纳下整个国际空间站的模型和一个航天飞机的货舱模型，主要用作美国航天飞机航天员和国际空间站航天员的训练场地。在水池中航天员可以较长时间体验失重状态，并在失重状态下训练身体如何运动和双手如何操作。

六、训练飞机

着陆训练时使用。是用美国"湾流Ⅱ"型喷气式运输机改装而成的。指令长和驾驶航天员要在这种专门的训练飞机上进行100多个小时的训练，完成约600次进场着陆练习。

七、航天飞机模型

它是与航天飞机轨道器同样大小但没有机翼的胶合板模型。主要让航天员熟悉航天飞机内各系统的位置及机上的生活环境、学习和工作环境。

除上述提到的训练设施外，还有：低压舱、高压舱、秋千、转椅、离心机等。这些设施在航天员选拔时就要应用。

太空中怎样睡眠

睡眠是人的生命活动中非常重要的组成部分。它和食物、水一样重要。人在一生中将近有1/3的时间在睡眠。宇宙飞行中的人，在没有重力、空间狭小、几个人轮班工作的载人航天器中睡眠，是与地面上不同的，而且十分有趣。

在宇宙空间睡眠，最特殊的是睡觉的姿势，它和地面上大不一样。在失重时，当身体完全放松后，身体会自然形成弓状姿势。大多数航天员认为，在太空中睡眠，身体稍微弯曲成弓状，比完全伸直平躺着要舒服得多。手臂可以放在睡袋内，也可以伸在外面任其自由漂浮。不过，苏联航天员似乎不愿意将手放在睡袋外。因为，有一次他们中的一位航天员，在睡眠时没有把手臂放在睡袋内，醒来时朦胧地发现有两只手朝他伸过来，他大吃一惊，吓出一身冷汗。后来发现，原来是自己的手。

漂浮在太空中睡眠是特别有趣的事，有的航天员愿意领略这种滋味。他们用一根绳子将睡袋的一端吊在舱壁上，任其在空中飘来飘去。不过，大多数航天员不喜欢这种睡眠方式。美国"阿波罗"飞船的一位航天员说："当你在睡眠中发现自己身体下面没有任何支撑的东西时，你会有一种掉进万丈深渊的感觉。"另外，睡袋如果不固定在舱壁上，当姿态发动机开动时，就可能跟舱壁碰撞。人习惯睡在床铺上，所以在失重时，人尽管可以在空中睡眠，可身下没有任何东西支撑，总有一种跌落的感觉。人们还是喜欢将睡袋紧贴着舱壁睡觉，像睡在床上一样，有一种安全感。这种睡觉方式，后背可以伸直，有利于预防腰痛和背痛。

在失重时，反正分不清上和下，站着、躺着甚至大头朝下睡都一样。因为在失重时，血液不受重力影响，所以即使是大头朝下，血液也不会都集中到头部。正因为这样，航天员的睡觉姿势各式各样。有的靠着天花板睡，有

飞跃神秘的外太空

△ 正在睡袋中睡觉的航天员

的笔直地站着靠墙壁睡，有的愿意在驾驶座椅上打盹，有的在睡袋里休息，有的躲在两层夹板之间的空格子里睡。当他们在下铺睡眠时，总感觉到与在床底下睡一样。睡袋，也可以称为睡眠限制器，它可以防止航天员在睡眠中自由漂浮。在失重时，如果不把睡袋固定在舱壁上，说不定当你熟睡正在做梦时漂浮起来，那就真正成为梦游神了。其实，太空中睡眠时不需要床板的。

航天飞机上为乘员设计了比较舒适的睡眠设施。在中层舱内，有4个睡铺，3个是水平的，一个是直立的。铺位一面可以朝向天棚，一面可以朝向地板，没有床背、床面之分。每一个铺位长1.8米，宽0.75米，每个铺位上有一个睡袋，睡袋下面有一床褥子和一个枕头。其实，在失重时根本觉不出软硬来，为了避免床硬的错觉，休息不好，还是放了褥子。7名乘员同时睡眠，另外3人可以用睡袋站着在衣柜里睡或到贮藏室的柜子里睡。飞船中的仪器设备运行时，总要产生一些噪声，如果你想清静一些，可以带上面罩和耳罩。7人中一定要有一个带上耳机值班，以便接收来自地面的呼唤和警报。

欧洲航天局正在设计一种新型睡袋，这种睡袋的外面附有一些管道。当管道充气时，睡袋便被拉紧，向人施加一定的压力，使人像在地面上睡眠一样舒适，而且还可以消除飘然下落的惊恐感觉。

太空中怎样行动

对人在失重时的漂浮，航天员们是很感兴趣的。一开始有一些不适应，行动起来感到困难和不方便，姿势和体位平衡都不像在地面上那样协调。坐立不稳，摇摇晃晃，稍一抬背，就有可能来个大翻身，弯腰时又可能翻筋斗。所以，一切动作都得缓慢从事。经过短时间的适应，航天员都能行动自如，有的人觉得更方便："失重时的行动非常有趣，不必想象玩什么杂技，只要四下里飘来飘去，就够有意思的了。"有人说："我觉得失重使人有舒服感，行动自如得很。正因为没有上下左右之分，我可以头朝下工作。当然，这在地面上是不舒服的，难以做到的。"几乎所有的航天员都愿意在失重的条件下进行自由、漂浮的尝试，觉得是身体放松的好机会，特别有意思。他们曾试着将身体悬浮在空间，用双臂向前划，结果不像在水中那样前进，而是一动也不动。向上划也是如此。这是因为身体没有接触外界物体，没有反推力，所以人不会动。如果以身体为轴旋转，是可以转动$90°$、$180°$的，这是身体肌肉收缩力在起作用。还可以根据手臂、腿、躯体的用力程度，来决定身体转动速度。一位航天员说："我仰卧在空中，用双脚一会儿前蹬，一会儿后蹬，身体没有动。但是，只要用脚像游泳时那样打水，身体就会转动起来，而且还会自由地翻筋斗，无论是前滚翻、后滚翻都很容易。如用一只手挥动，产生的能量足以使身体转动。如果双手像风车那样转动，可以使身体随着转动，手停下来身体也就停下来。"

在失重时，人的行动一般要靠外力的推动，地面上常用的那种步行方法完全不适用了。一段距离在地面上可以估计要走几步，迈大步还是小步都很清楚。而在失重时，这种几步和步行的概念都没有了。人在漂浮中，根本迈不开步，更不会有步子大小的概念。但是，人适应失重后，行动还是很方便的。只要轻轻地支撑一下外界物体，产生反推力，就可以到达目的地。在地

飞跃神秘的外太空

△ 穿太空服在太空中行走

面上，要打开地板盖，只要弯腰去掀就是了。可是在失重时，千万不能弯腰去掀地板盖，因为弯腰时人会不停地翻筋斗。拉地板时，可以大头朝下倒立在地板上，然后用手拧开固定地板盖的反向弹簧，地板盖即可打开。

物体在失重下，变得非常轻，而且也会行动自如，甚至自动地走到（飘到）它应该去的地方。"礼炮号"上的航天员，有一次要安放一只箱子，但是一处狭窄的地方走不过去，于是他把箱子放下，干别的事去了。过了一会儿，再看看那只箱子，岂知它已经飘到了该去的地方。由此可见，失重时移动物体是多么方便。美籍华人航天员王赣骏博士曾有过这种切身体会。他说："在航天飞机上做实验，使用一种在地面上足有400千克的仪器，在地面上对这一仪器后部换零件时，每次都需要两个力气大的人抬起来；而在失重时，我用一只脚把这一仪器勾住，就可以自由地换零件了。失重时，人的力气大得很，干什么都很方便。前面有物体挡住你的路，在地球上当然只好绕着走；在失重时，这就好办得很，从上面飞过去就是了。要用安装在天棚上的仪器时，在地球上要用梯子上去，失重时飞上去就可以了。在失重环境中做实验，还有不受场地限制的好处。在地面上做实验，只能用地面上的一块面积，周围和天空用不上；在失重时，上下左右四周面积都可以利用，无形中使实验面积增大了好多。虽然航天飞机中的空间有限，但是我可以寻找一个空地方实验，并不影响别人。失重时，做实验也有麻烦事，就是写东西没有地球方便，不习惯，用力不均匀。接触本子写字开始时人还会转来转去的。经过自己体会，慢慢地把本子放中间一点，也就好了。"

航天器在航天中常常会发生故障，需要航天员去修理，这是航天员的重要工作之一。失重下干修理工作，并不是件容易的事。钉一个钉子，在地面上是极为平常的事，失重时就变得复杂了。当你钉钉子时，可能发生人和锤子被反作用力弹回来的情况。用解刀拧螺钉时，也会出现越是用力反作用力就越大的现象。失重下的操作技术是全新的，工具也是不一样的，而且航天员如果在舱外工作，还必须穿上笨重的航天服和戴上厚厚的加压手套。航天用的加工工具都是专门研制的，比较灵活轻便，每一件工具尽可能地使它具有多种功能。锤子是空心的，用手紧握住锤柄打在钢板上，锤子就会像被磁铁吸住一样，粘在钢板上，锤子空心内装的钢砂子抵消了反作用力。失重时使用这种锤子，和在地面上使用普通锤子一样。电焊烙铁制造得像圆珠笔似的，只是有电线拖在后面。钳子一般要固定在航天服上，免得漂浮。铆钉扳手像手枪一样，能牢牢地扣住螺栓。电转动器是一种变了形的工具，它转动时既没有反作用力，也不发生震动。传动器上还可以安装不同用途的工具，用以锯断金属，切断钢丝，除去旧螺钉等。失重时，工作要特别注意拆卸下来的螺钉，锯钢时掉落的碎屑，不能随意乱扔，要用专门的装置收集起来。因为，这些物件漂浮起来是非常危险的。苏联"礼炮号"航天站航行时，有一次舱内漂浮着一些铁屑，飞进了一个航天员的眼睛里。幸好另一航天员很快帮他将铁屑从眼睛里清洗出去，才避免了一次眼伤。航天员在舱外活动中，还要避免接触尖锐的东西，特别是刀子等锐器，以免刺破航天服，发生危险。

飞跃神秘的外太空

人类探测月球的历程

1957年10月4日，苏联成功地发射了"人造地球卫星1号"，标志着人类步入了太空时代，人类也由此开始了月球、火星、金星、水星等太阳系探测活动。地球人造卫星发射成功后，苏联和美国立即把目光锁定在月球上，第二年就开始向月球发射探测器，并在随后的近20年中一直是其航天活动的主旋律。从1959年至1976年，在冷战背景下，美国和苏联展开了以月球探测为中

△ "阿波罗"登月仓

心的空间竞赛，掀起了第一次月球探测高潮，两国先后发射了上百个月球探测器，无论在技术上还是科学研究上都取得了巨大的成就。

20世纪70年代中期至90年代初，是月球探测的沉寂期。通过对第一次月球探测活动的总结和反思，随着科学与空间技术的不断提高和完善，各空间大国开启了"重返月球"的计划。美国在1994年和1998年分别发射了"克莱门汀号"和"月球勘探者号"探测器。2004年1月14日，美国总统布什宣布了新的太空计划，月球探测成为美国在未来20年中深空探测的重头戏，并预计2018年将载人类重返月球。